人気インフルエンサーのテクニック満載！

スマホで バズるショート動画 のつくり方

How to make short video on your smartphone

リンクアップ 著

インプレス

インプレスの書籍ホームページ

書籍の新刊や正誤表など、最新情報を随時更新しております。

https://book.impress.co.jp/

はじめに

数ある本の中から本書を手に取ってくださり、ありがとうございます。

動画が広く普及している現在、大注目されているコンテンツの1つが「ショート動画」です。読者の皆さんも、「TikTok」や「YouTubeショート」といった、「縦型で再生時間の短い動画」を見聞きしたことがあるのではないでしょうか。アカウントを作っていないにしても、広告で流れてきたり、X（旧Twitter）でリンクが紹介されていたりして存在を知っている方は、たくさんいらっしゃると思います。少し前までは、ショート動画＝TikTok、ダンス動画、若い人が見る、というイメージがありましたが、今ではさまざまなジャンルの動画が投稿・閲覧されており、視聴者層も幅広くなってきています。

本書では、「ショート動画についていろいろ知りたい！」「これからショート動画を作ってみたい！」「アカウントを作ってみたけど、なかなか再生回数が伸びない……」と思っていらっしゃる方に向けて、ショート動画とは何？　というところから、スマホで動画を撮影する方法、無料のスマホアプリを使った編集の方法、TikTokやInstagramリール、YouTubeショートに投稿する方法、などをやさしく解説しています。

さらに、19組の人気インフルエンサーにご協力いただき、プロがショート動画投稿で実践しているテクニックをインタビューしています。動画の撮影・編集だけではなく、ネタ探しやショート動画投稿後の宣伝まで、役に立つ情報が満載です。ぜひ、隅々まで読んで参考にしていただければと思います。

皆さまがショート動画制作をするうえで、本書がお役に立てれば幸いです。

本書の使い方

ショート動画制作の解説ページ

◎ 解説するテーマ
そのSectionで学ぶ内容を押さえます。

◎ 二次元コード・URL
見本動画へアクセスできます。

◎ Check
補足解説や応用テクニックを紹介しています。

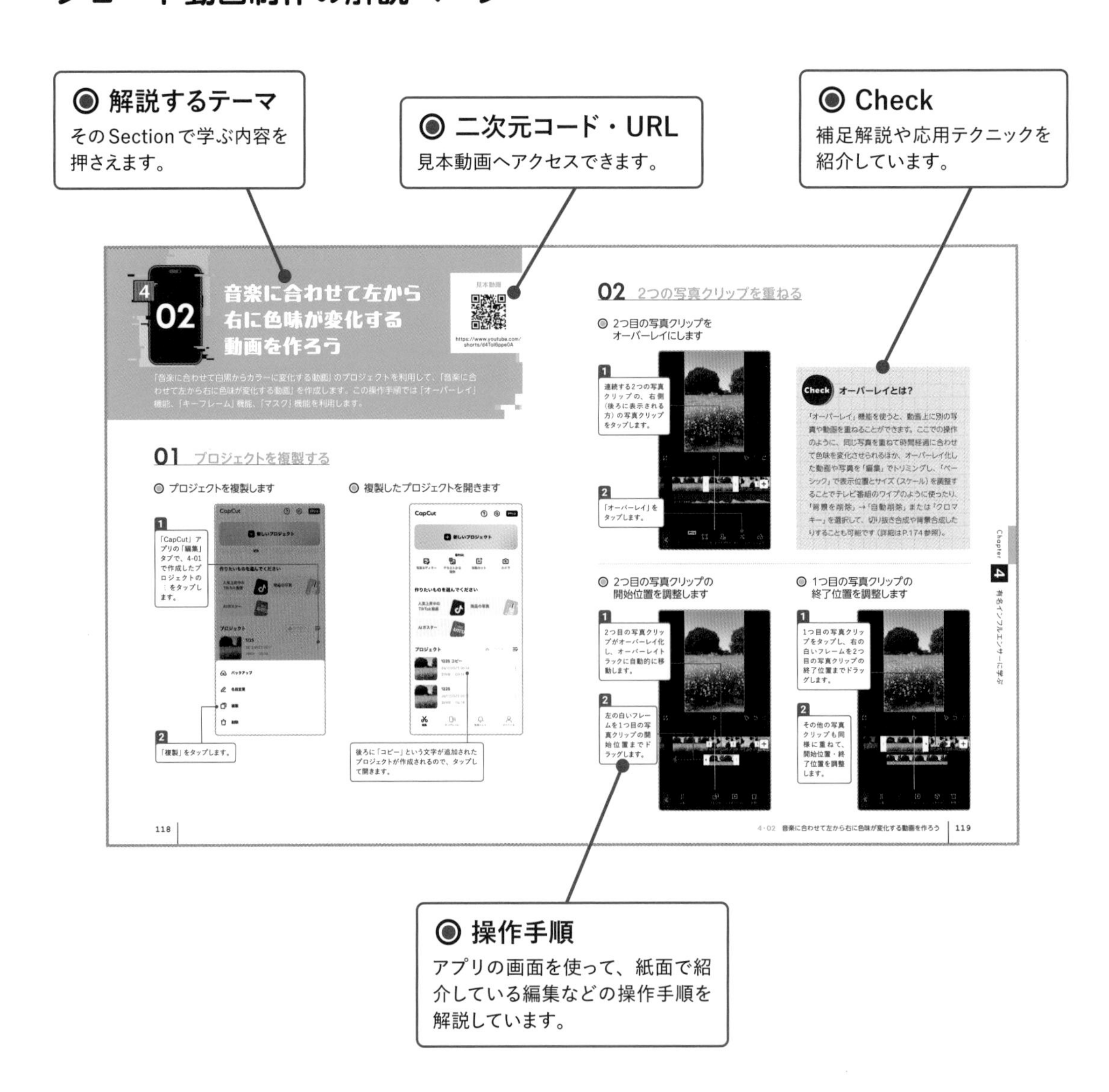

◎ 操作手順
アプリの画面を使って、紙面で紹介している編集などの操作手順を解説しています。

人気インフルエンサーのインタビューページ

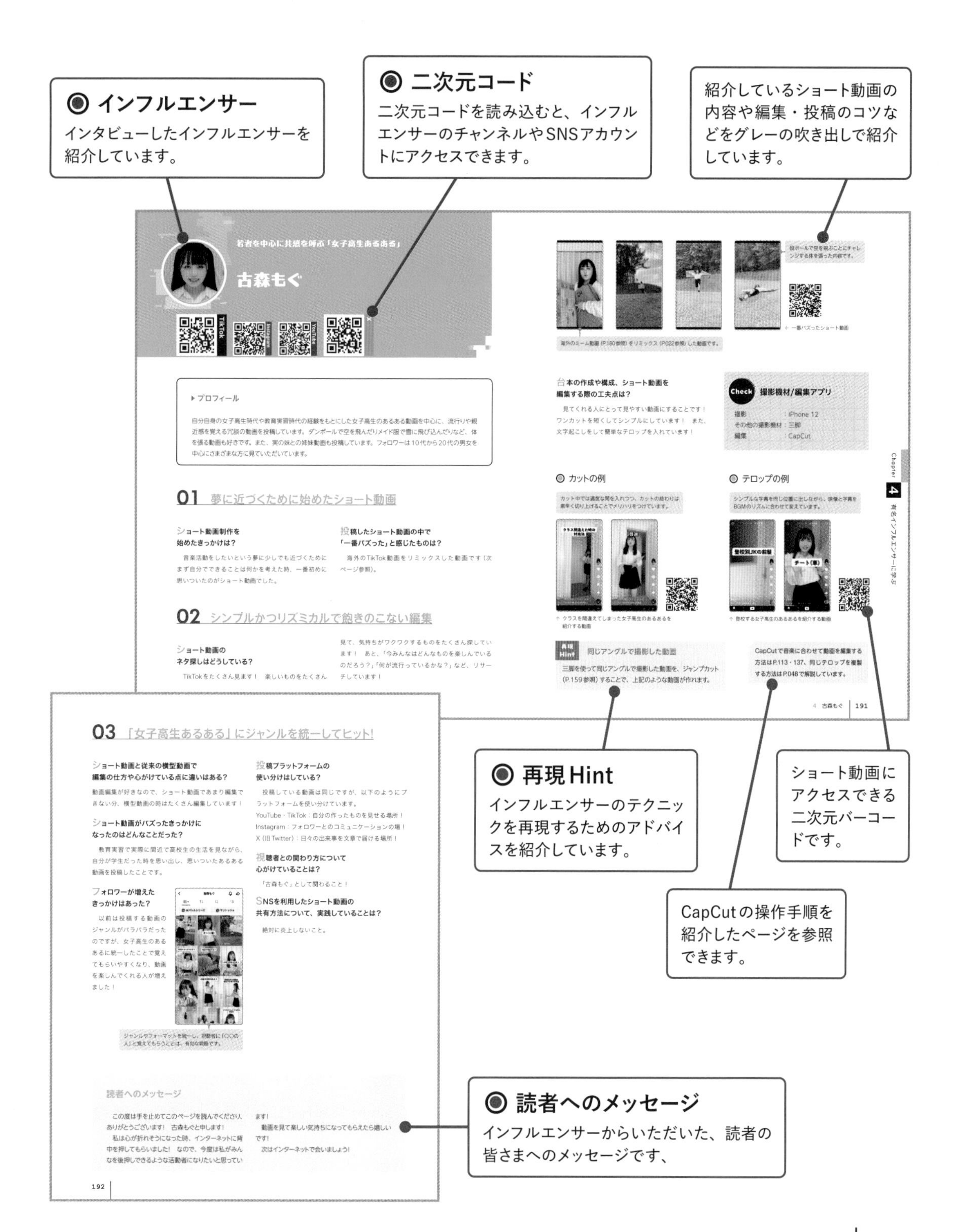

インフルエンサー紹介

19組の大人気インフルエンサーへのインタビューが盛りだくさん！

本書のChapter 4「人気インフルエンサーに学ぶ」では、ジャンルも動画編集の雰囲気もさまざまな、19組のインフルエンサーにインタビューを行いました。
紹介していただいた動画編集テクニックの一部は、スマホアプリ「CapCut」で再現するアイデアを解説しています。
あなたの「作ってみたい！」動画がきっと見つかります！

凝った編集！

シンプルな編集！

編集で画角を変化させよう！

p. 105

同じ画角が長く続くと、視聴者の離脱につながってしまいます。編集で画面のズームができるので、寄りの画角や引きの画角を織り交ぜてみましょう。

写真を徐々に変化させよう！

p. 113

動きのない写真でも、編集で変化をつけることで魅力的な動画を作れます。ここでは、音楽に合わせて写真の色味を変える方法を紹介します。

動画と音楽のリズムを合わせよう！

p. 137

映像の動きや切り替えのタイミングが音楽と合っている動画を「音ハメ動画」と呼びます。ここではダンス動画で重要な、被写体の動作と音楽のタイミングをそろえる編集を紹介しています。

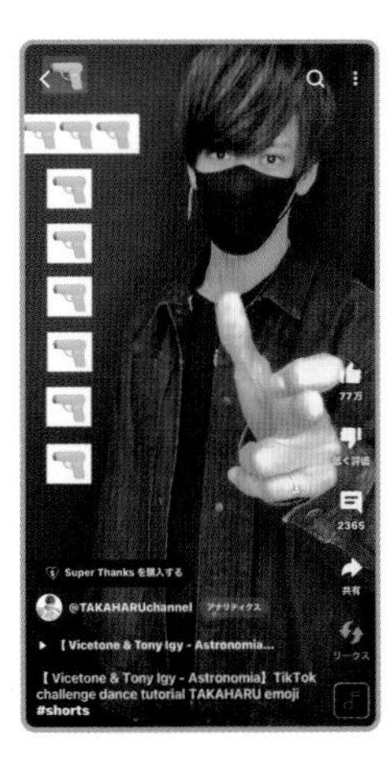

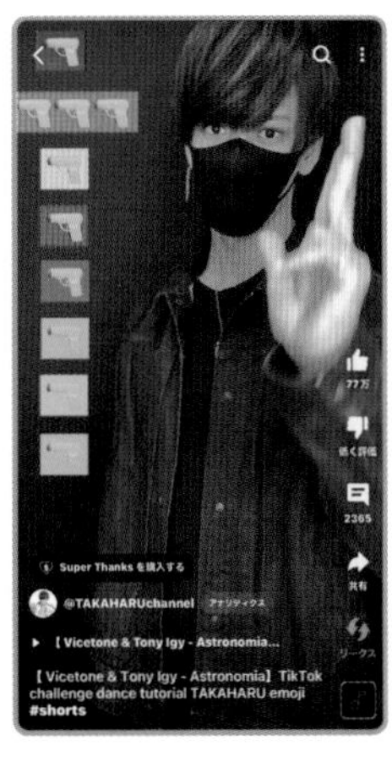

ジャンプカットを活用しよう！

p. 159

ショート動画では、テンポ感をよくするために映像を大胆にカットします。余計だと感じる映像や、言葉に詰まった部分はどんどんカットして、視聴者が飽きない構成を目指しましょう。

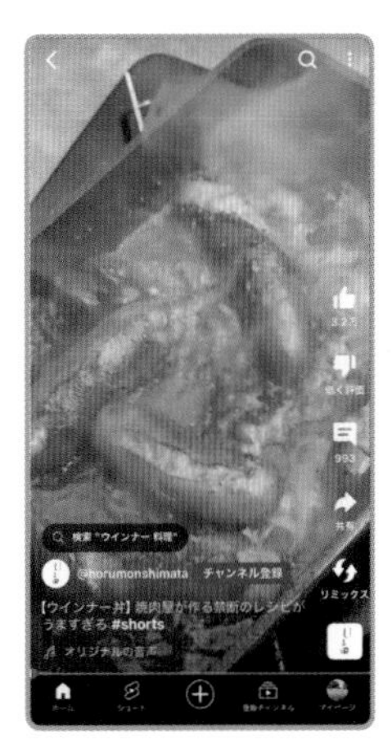

目次

Chapter 3
作った動画を投稿しよう

Chapter 1

ショート動画って何?

ショート動画とは、再生時間の短い縦型動画のことです。TikTokやInstagram、YouTubeなどさまざまなプラットフォームで躍進中のコンテンツで、瞬時に視聴者の心をつかむ技に特化しています。ショート動画をバズらせるために、各プラットフォームの特性を理解し、その魅力を最大限引き出す方法を学びましょう。

ショート動画とは？

TikTokの登場から人気が伸び続けているショート動画は、今やInstagramやYouTubeといったプラットフォームにも専用ページが用意されるモンスターコンテンツです。単に「短い尺の動画」であること以上の素晴らしい魅力にあふれています。

01 世界中で注目されるショート動画

「TikTok」を皮切りに、Instagramの「リール」、YouTubeの「ショート」などの短尺縦型動画＝ショート動画を投稿できるサービスが次々に登場しています。サービスが広がるにつれ、各プラットフォームの既存ユーザーを中心に視聴者や投稿者が急増しており、世界的に大きく注目される動画コンテンツに成長中です。既存のコンテンツからショート動画に参入するクリエイターも増えており、インフルエンサーとして成功している投稿者が数多くいます。

ショート動画が支持されて、次々と投稿されている要因の1つに、スマホで気軽に、思いついた時にいつでも写真や動画が撮影できるようになったことが挙げられます。

TikTok	Instagram	YouTube
ショート動画に特化	1:1（正方形）の写真 ＋ ストーリーズ ＋ リール（ショート動画）	従来の動画 （ロング動画／長尺動画） ＋ ショート（ショート動画）

※比較の詳細はP.021参照

02 そもそも「ショート動画」とは？

実は「ショート動画」には明確な定義がありません。似たようなものとして映画で「ショートムービー」と言えば、「30分以内の映像作品」を指しますが、SNSで共有される「ショート動画」とはまるで別物と言ってもよいでしょう。

本書では、「再生時間が15〜60秒で、スマホでの視聴がメインの縦型動画」を「ショート動画」と位置付けて解説します。

再生時間が短い

見どころがコンパクトにまとめられているので、短時間にたくさんの情報が得られます。

トレンドを取り入れやすい

BGMに流行している楽曲を使ったり、バズっている動画をマネてみたり、リミックス動画（P.022参照）を作ったりすることが簡単にできます。

言語での説明がなくても伝わる

画だけでも内容が伝わるので、言葉の壁を越えて海外のショート動画を楽しむこともできます。実際に、投稿したショート動画が日本ではなく海外でバズることも増えています。

撮影〜編集までが簡単

動画の長さが短いため、撮影も短時間で済ませることが可能で、手軽に作品作りができます。また、単純な内容であれば難しい撮影・編集テクニックを使わなくても、初心者でも始めやすいという特長があります。

おすすめ（レコメンド）された動画を視聴

ショート動画の視聴ページでは、スマホの画面いっぱいに縦型動画が表示され、上にスワイプしながら新しいショート動画を見ていきます。基本的にプラットフォームが人気の動画やユーザーの視聴傾向を判断して、興味のありそうなものをレコメンドするので、ユーザーが能動的に動画を検索するということはあまりありません。

成長中の動画コンテンツ

まだまだ成長中のコンテンツなので、自分らしさを発信できればトップクリエイターへの仲間入りも夢ではありません。ビジネスや教養、ニッチな趣味など、ただ面白いだけではないショート動画もたくさん投稿されています。また、広告媒体として企業からの注目も高まっています。

↑ オムライスをメインコンテンツにするクリエイター「オムライス兄さん」へのインタビューはP.162

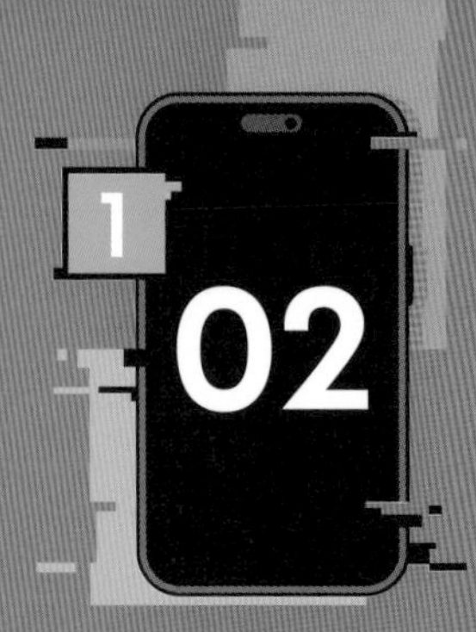

従来の動画とショート動画の違いって何？

ここでは、YouTubeを例に従来の動画とショート動画の特徴、その違いにスポットを当てて、ショート動画について深掘りします。縦型動画のメリットや独自の視聴スタイル、特性に合った編集方法などについて紹介していきます。

従来の動画とショート動画の違い

スマホの向きを変えずに視聴できる

ショート動画は、そもそもスマホで撮影、視聴することを前提としています。そのため、縦型で動画が投稿されており、スマホの向きを変えずに閲覧が可能です。

一方、従来の動画は、パソコンやテレビなどの横画面で視聴することを前提とした、横型動画が一般的です。スマホで閲覧すると、縦画面に合わせて表示が小さくなってしまうので、わざわざスマホを横画面に持ち替える手間がかかります。

縦型動画（ショート動画）

ショート動画は、スマホに合わせた縦画面で大きく視聴できます。

↑ 夫婦ユーチューバー「あかびんたん」へのインタビューはP.102

横型動画（従来の動画）

動画を画面全体で見るには画面を横向きにする必要があります。

受動的な視聴スタイル

YouTubeで動画を見る場合、通常の動画であれば興味のある事柄を検索し、サムネイルを確認して視聴を始めることが多いと思います。もちろん、おすすめに表示される動画を見たり、登録したチャンネルの最新動画を見たりすることもありますが、基本的には見たい動画を自分で探す操作が必要です。

一方でショート動画は、ブラウザ版YouTubeやアプリ版YouTubeの「ショート」タブからレコメンドされた動画を上にどんどんスワイプしながら見るという人がほとんどです。検索しなくても、たくさん視聴されている人気の動画や自分の視聴傾向に合った動画が流れてくるので、ずっと見続けてしまう魅力があります。

また動画投稿者にとっては、自分のショート動画がレコメンドされれば想定していなかった視聴者層にリーチできるため、再生回数を伸ばしやすいコンテンツだとも言われています。

スキマ時間にさくっと視聴できる

かつては、日常的に見られている映像の娯楽作品と言えば、テレビが主体でした。現在では、テレビよりもYouTubeで映像作品を楽しむ人が多くなっています。しかし、テレビにしろYouTubeの従来の動画にしろ、視聴時間がそれなりに必要なため、娯楽に使う時間を確保する必要がありました。そんな中、時間を有効活用したい現代の学生や働く世代に合わせるように登場したのがショート動画です。ショート動画はとても尺が短く、内容も凝縮されているので、ちょっとしたスキマ時間にサクサク見ることができます。タイムパフォーマンスに優れたコンテンツとして、Z世代の若者を中心にショート動画が歓迎されている要素の1つはここにあります。

ショート動画に特化した編集技術

従来の動画と異なる点として、ショート動画の特性にマッチした編集方法も挙げられます。冒頭に視聴者の関心を引くキャッチコピーやタイトルが入っていたり、言葉と言葉の間のわずかな無音さえもカット編集されていたり（ジャンプカット、P.159参照）、テンポよく場面が切り替わったりと、視聴者が飽きて動画の途中で離脱しないようにする工夫がたくさん盛り込まれています。

	ショート動画	従来の動画
一般的な動画の長さ	15〜60秒	5〜10分
YouTubeに投稿可能な動画の長さ	〜60秒	〜12時間
視聴方法	表示される動画を上にスワイプ	興味のある動画を検索・クリック
画面表示（一般的なアスペクト比）	縦長でスマホに全画面表示 9：16	横長でスマホを横向きにすると全画面表示 16：9

各プラットフォームの特徴を確認しよう

本書ではショート動画の主な投稿先として「TikTok」「Instagramリール」「YouTubeショート」を取り上げ、Chapter 3で投稿方法を詳しく解説しています。各プラットフォームに同じ動画を投稿することもできますが、それぞれの特徴も知っておきましょう。

01 TikTok

ショート動画を投稿できるプラットフォームとして真っ先に挙げられるのは「TikTok」です。「ショート動画」という動画コンテンツを確立させてムーブメントを作り上げました。初期のころはダンス動画中心のプラットフォームという印象がありましたが、現在では多種多様なジャンルの動画が投稿されています。投稿される動画は15～60秒が多いですが、投稿可能な動画の尺が最長3分から10分に変更されたこともあり、今後はゆったりと動画を楽しみたいユーザー向けに長尺動画も増えてくることでしょう。レコメンドからの視聴がメインなので、動画の途中で視聴者に離脱されないことが重要です。

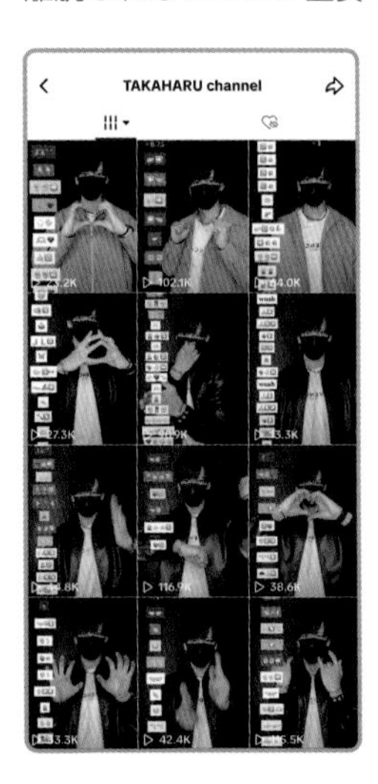

← 絵文字ダンサー「TAKAHARU channel」へのインタビューは
P.131

02 Instagramリール

Instagramは、もともと写真の投稿がメインのプラットフォームです。2017年の新語・流行語大賞になった「インスタ映え」という言葉があるように、たくさんの「いいね！」をもらえるような見映えのよい写真が競って投稿されてきました。他のプラットフォームに比べると、2020年から導入されたショート動画投稿機能「リール」にも同じ傾向があり、バズった投稿には、映えにこだわった作品が多くあります。またInstagramは、投稿者と視聴者とのコミュニケーションが特に盛んに行われていると言われています。「検索」タブや「発見」タブからリールへの流入が多いのも特徴です。

← アニメチックフォトグラファー「Shota Ashida」へのインタビューは
P.109

03 YouTubeショート

動画投稿サイトの先駆けとなったYouTubeは、長尺の横型動画で人気を高めてきたプラットフォームです。動画投稿者は「ユーチューバー（YouTuber）」と呼ばれ、人気の高いユーチューバーが世間に与える影響力は圧倒的です。また、利用者層の幅も広く、子どもから年配の方まで年代を問わず親しまれています。日本では2021年7月からサービスが始まった「YouTubeショート」は、60秒以内の動画を視聴、投稿することができます。横型の長尺動画を編集した、「切り抜き」と呼ばれるショート動画が作成されることもあり、ショート動画から長尺動画やチャンネルへの誘導が可能という点は特筆すべき点です。

	TikTok	Instagram	YouTube
リリース	2017年	2010年 （リール：2020年）	2005年 （ショート：2021年）
コンテンツ	ショート動画に特化	1:1（正方形）の写真 ＋ ストーリーズ ＋ リール（ショート動画）	従来の動画 （ロング動画/長尺動画） ＋ ショート（ショート動画）
ショート動画の尺	最長10分	最長90秒	最長60秒
主な利用者層（日本）	10～20代	20～40代	10～60代
世界アクティブアカウント数	10億 （2021年9月）	20億以上 （2022年10月）	20億以上 （2022年7月）
国内月間アクティブアカウント数	1,700万 （2022年10月）	3,300万 （2022年10月）	7,000万以上 （2022年10月）
メッセージ	DM	DM	なし
いいね·高評価	○	○	○
コメント	○	○	○
シェア·共有	○	○	○
保存機能	○ （セーブ、ダウンロード）	○	○ （再生リスト）
ハッシュタグの傾向	3～4個	複数（最大30個）	文化的にあまり根付いていない（#shorts のみなど）
広告収益機能	あり （Creativity Program Beta）	なし	あり （YouTubeパートナープログラム）
重要指標	動画視聴完了率 平均視聴時間	エンゲージメント率	動画視聴完了率 エンゲージメント数

Check TikTokとYouTubeの収益化について

TikTok

TikTokでは2023年8月から「Creativity Program Beta」という収益化プログラムが開始され、以下の条件を満たすユーザーがプログラムに参加できます。

1. 個人アカウントであること（ビジネスアカウントとしてTikTokで登録されたアカウントや政府組織・政治団体に属するアカウントは対象外）
2. 18歳以上であること
3. フォロワーが10,000人以上いること
4. 過去30日間の動画視聴数が100,000回以上であること

また、報酬を得られる動画の種類にも条件があり、以下の項目が要求されます。

1. オリジナルかつ高品質で、高解像度で撮影・制作され、編集レベルが高いものであること
2. 1分を超えていること
3. 有効視聴回数（5秒以上再生され、「興味がない」とマークされていない）が1,000回以上あること
4. デュエット動画またはリミックス動画ではないこと
5. フォトモードの動画ではないこと
6. 広告、有料プロモーション、スポンサードコンテンツではないこと
7. TikTokの利用規約、コミュニティガイドライン、Creativity Program Beta契約に準拠していること
8. クリエイターの専門性、才能、創造性を示していること

※低コストの口パク、著作権で保護された楽曲、個人的なVlog、リアリティ動画、他者の権利を侵害するコンテンツを含む動画も対象外です。

YouTube

YouTubeショートの収益分配は2023年2月1日から開始されました。ショート動画とショート動画の間に再生される広告が視聴されることで広告収益が発生するので、その収益を調整した後に分配するという仕組みが取られています。収益を得るには、YouTubeパートナープログラムへの参加が必要です。YouTubeパートナープログラムの参加条件は以下の2つです。

1. チャンネル登録者数1,000人以上
2. 直近90日間の有効な公開ショート動画の視聴回数1,000万回以上（または 直近12か月間の有効な公開動画の総再生時間4,000時間以上）

Check リミックス動画とは

他のユーザーが投稿したショート動画に自分の動画を付け加えたものを「リミックス動画」と呼び、リミックス動画を作る機能が各プラットフォームのスマホアプリに備わっています。リミックス機能を使うと、他のユーザーのショート動画と同じ画面に自分を登場させる（TikTokの「デュエット」）ことや、他のユーザーのショート動画を動画クリップとして利用する（TikTokの「リミックス」、Instagramリールの「シーケンス」）ことができます。基本的に元のショート動画投稿者が許可している場合にのみリミックス動画を作成できるので、別のプラットフォームにも投稿すると、規約違反になる場合があります。

Chapter 2

動画制作の始め方

Chapter 2では、動画の撮影に必要な機材、スマホでの動画撮影方法、「CapCut」を使ったショート動画制作のテクニックを学べます。また、撮影を始めるにあたって必須の作業である「ネタ出し」のヒントも紹介します。

動画を投稿するまでの一連の流れをつかもう

ショート動画の制作は、「ネタ出し・企画」→「準備」→「撮影」→「編集」→「投稿」という流れが基本です。しかし、小道具などが必要ない内容であれば、流行りのショート動画のマネをしてすぐに撮影することも可能です。

ショート動画を投稿するまで

ネタ出し・企画

どんなショート動画を撮りたいかのアイデアを固めます。必要に応じてある程度の構成案を作っておくと撮影がスムーズです。また、ジャンルによっては台本をしっかりと作り込んでおいた方がよい場合もあります。

準備

撮影に使う小道具の準備や、屋外ロケをする場合は撮影場所の事前確認をしましょう。

撮影

納得のいくまで撮影をします。公共の場で撮影をする場合は、他の方の迷惑にならないように配慮しましょう。

編集

動画が魅力的になるように、カット編集やテキスト・BGMの挿入などをします。

投稿

TikTokやInstagramリール、YouTubeショートなどにショート動画を投稿します。

分析

再生数を狙って伸ばし、動画をバズらせたいなら、コメントや各種指標の分析も重要になります。

ネタ出し・企画
準備
撮影
編集
投稿
分析

動画の撮影機材をそろえよう

ショート動画はスマホ1台あれば、手軽に動画撮影ができます。ここでは、撮影方法のバリエーションを増やしたり、こだわりを追求したりできる追加の撮影機材も合わせて紹介します。

01 基本の撮影機材

iPhone・Androidスマホ

プロのインフルエンサーでも、ショート動画の撮影にスマホを利用している人が数多くいます。最近のiPhoneやAndroidスマホのカメラであれば、性能はまず問題ないでしょう。露出やピントといった難しい設定も必要ないので、まずは手持ちのスマホのカメラを使ってショート動画の撮影を始めてみましょう。

↑ iPhone 15 Pro/ProMax

02 あると便利な撮影機材

動画用三脚

カメラを固定して撮影したい時の必須アイテムです。パン棒（ハンドル）を使ってカメラを上下・左右に動かすこともできます。水準器が付いているものを選ぶとアングルを決める際に重宝します。新品だとiPhoneなどのスマホを固定できるホルダーが付属しているものもありますが、古い三脚を利用するような場合は、市販のスマホホルダーが別途必要になるでしょう。

↑ Velbon（ベルボン）小型ファミリービデオ三脚 4段 EX-447 ビデオ II

ジンバル

スマホで動画を撮影する際に発生してしまう手ブレや揺れを抑えてくれる機材が「ジンバル」です。歩いたり走ったり、スマホを大きく動かしたりする撮影でもブレの少ない映像を作れます。

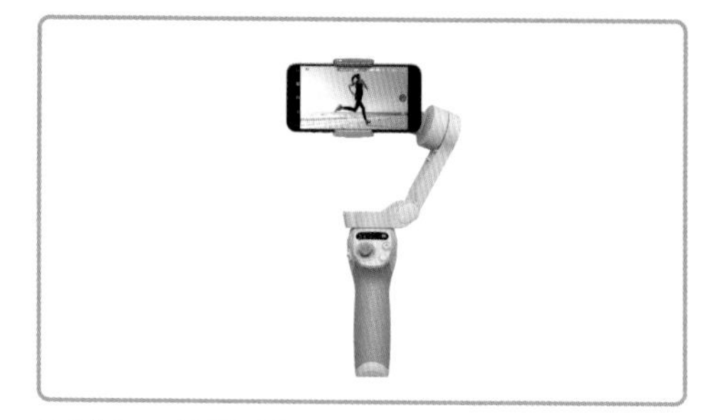

↑ DJI Osmo Mobile SE

03 こだわりたい時の撮影機材

ビデオカメラ・ミラーレスカメラ

映像の美しさにこだわりたい場合は、動画撮影用にビデオカメラやミラーレスカメラなどを用意するとよいでしょう。通常のカメラのほか、小型で高性能な手ブレ補正機能や顔認識AF（オートフォーカス）機能が搭載されたVlog撮影向けのカメラもあり、愛用しているインフルエンサーも多くいます。

↑ ソニー VLOGCAM ZV-1G

マイク

マイクをスマホに取り付けると、音声をクリアに録音できます。動画撮影に使用するマイクにはいくつかの種類があり、マイクが向いている方向の音を録音する「ショットガンマイク」、人物の服などに取り付ける「ピンマイク」、手に持つタイプの「ハンドマイク」などがあります。最初にマイクの導入を検討するならショットガンマイクがおすすめです。

↑ RODE VideoMic Me-C

照明

室内撮影で明るさが足りない時や顔が暗くなってしまう時に便利なのが照明です。丸形のLEDライトやリングライトを使って瞳のキャッチライト（黒目の中に映りこませた光）を作ることで、人物をより魅力的に映すこともできます。

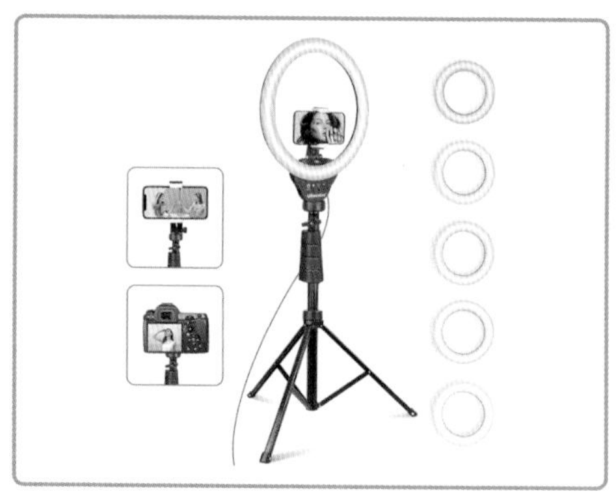

↑ UBeesize 12インチLEDリングライト 157cm三脚付き

ネタ出しや台本の制作に「ChatGPT」を活用しよう

文章生成AI「ChatGPT」は今やビジネスシーンのみならず、クリエイティブシーンでも活躍しています。ショート動画作りのアシスタントとして、ネタ出しや台本制作にChatGPTを活用してみましょう。

「ChatGPT」にネタ出しや台本作りを助けてもらう

動画を定期的に投稿するには、ネタ出しを行って企画をたくさん作る必要があります。しかし、ネタ出しに詰まってしまうこともあるでしょう。そんな時は文章生成AIの「ChatGPT」にアドバイスを求めるのが1つの解決策になります。ChatGPTには無料版と有料版があり、有料版ではプラグイン（機能を拡張するツール）を使うことでWeb上の情報を反映できるなどの違いがありますが、まずは無料版で十分でしょう。

また、台本を作って撮影をスムーズに進めたい時も、ChatGPTが活躍します。ChatGPTに台本のひな型を作ってもらうことで、撮影するカットや1シーンの秒数などの目安立てに役立ちます。

ネタ出しの例

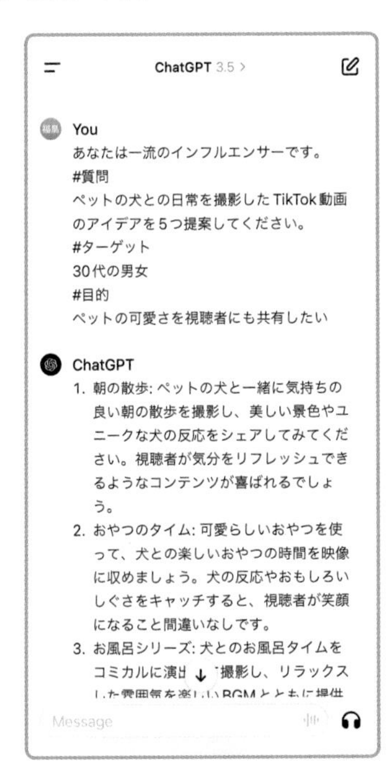

台本制作の例

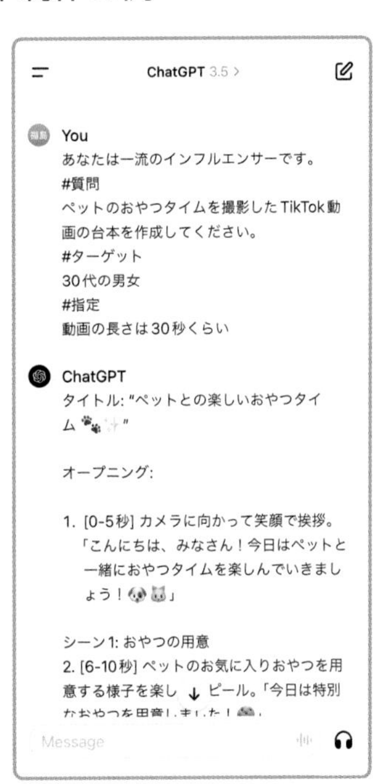

Check プロンプトを工夫する

ChatGPTに送るチャットのことを「プロンプト」と言います。ChatGPTはプロンプトに従って、回答の生成を行います。このプロンプトがとても重要で、同じ主旨の質問でもプロンプトの書き方次第でChatGPTの回答が大きく変化します。意図した回答が得られなかった時や、もっと多くのパターンが欲しいという時は、質問の仕方を変えて、再度プロンプトを送ってみましょう。

短いプロンプトの場合

ChatGPT 3.5 >

You
ペットの犬との日常を撮影したTikTok動画のアイデアを提案してください。

ChatGPT

1. ペットとのユニークなハイファイブ瞬間をキャッチする動画。
2. 犬がおもちゃを見つけてはしゃぐ瞬間のモンタージュ。
3. 犬のかわいい寝顔や寝相を収めたスローモーション動画。
4. ペットとのおでかけ日記、公園での遊びや散歩風景。
5. 犬に様々な小道具を使ってトリックを教えるプロセス。
6. ペットとの共同作業、例えば一緒に障害物をクリアする様子。
7. 犬がリアクションするさまざまな音や音楽に対する反応。
8. シーズンやイベントに合わせた可愛らしいコスプレ動画。
9. 犬とのコミカルな対話風のボイスオーバーを追加した日常風景。
10. ペットとのハプニングやおかしな瞬間のコンパイル。

Message

詳細なプロンプトの場合

ChatGPT 3.5 >

You
あなたはインフルエンサーです。
TikTok動画のアイデアを提案してください。
#動画のジャンル
私は普段ペットの犬との日常を撮影しています。3月に投稿する動画のアイデアを提供してください。
#ターゲット層
30代女性
#動画の目的
わんこに癒されてほしい！
#生成するアイデア数
5つ

ChatGPT

1. 「春のおでかけ」: ペット友達と一緒に桜や春の風景を楽しんでいる様子を撮影し、リラックス感たっぷりの春の日常をシェアしてみてはいかがでしょうか？
2. 「ペットの特別な日」: わんこの誕生日や記念すべき日を特別に祝う様子をキャッチ。ケーキやプレゼントの準備をして、共にハッピーな瞬間を共有しましょう。
3. 「おうちでリラ ス」: 一緒にお家でゆ

Message

例えば、動画のネタをChatGPTに生成してもらう場合、「普段、どのような動画を投稿しているのか」「ターゲット層は誰なのか」「動画の目的」「生成してほしいアイデアの数」といった詳細な情報をプロンプトに追加してみましょう。「#」などの記号を用いて、箇条書きで条件を指定することが有効です。短いプロンプトで生成された回答よりも、精度の高い回答が得られるようになります。

また、「あなたはインフルエンサーです」「あなたはTikTokで動画投稿を行っています」といった、AIに架空の役を設定するプロンプトを含めることでも、その背景が考慮された回答が生成されます。

カメラアプリで動画を撮影しよう

スマホで動画撮影をする場合は、標準搭載されている「カメラ」アプリがおすすめです。ここでは、iPhone 15 Proを例に撮影方法を確認します。なお、「カメラ」アプリには動画を撮影できるモードがいくつかありますが、ここでは基本の「ビデオ」モードを紹介します。

カメラアプリで動画を撮影する

1 右方向にスワイプし、「ビデオ」モードに切り替えます。

2 撮影ボタンをタップするか、音量ボタンを押すと録画の開始／停止ができます。

3 タップすると、直前に撮影した動画を見ることができます。

Check Androidスマホのカメラアプリ

Androidスマホのカメラアプリでは、画面下部中央のビデオアイコンをタップすると、ビデオモードへの切り替えができます。

Check 動画が撮影できるモード

「カメラ」アプリには、動画撮影用のモードとして、本書で紹介する「ビデオ」のほかに、「シネマティック」「スロー」「タイムラプス」が搭載されています（一部の機種には対応していないモードもあります）。

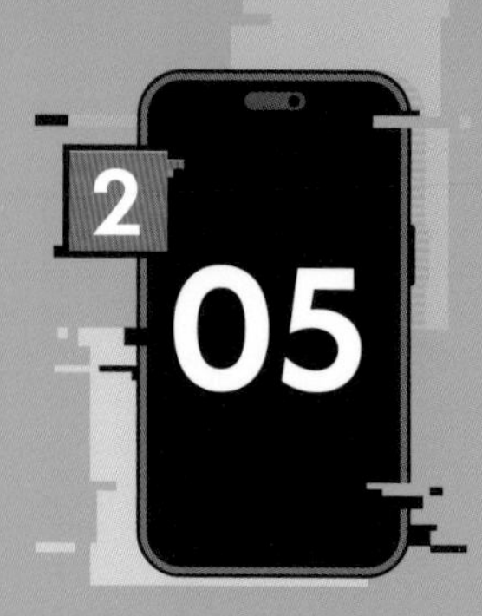

動画に合わせて カメラアプリの設定をしよう

「カメラ」アプリで動画撮影をする際に、あらかじめ覚えておきたい設定を紹介します。引き続き、iPhone 15 Proを例に解説します。設定を整えておくことでスムーズに撮影を開始できたり、映像のクオリティを上げられたりするのでぜひ実践してみましょう。

01 解像度とフレームレート

ビデオ撮影時の解像度とフレームレートを設定します。iPhoneでは、この2つを設定することで動画の画質が決まります。おすすめはなめらかな映像になる「1080p HD/60fps」か、きめ細やかな映像になる「4K/30fps」です。スマホに保存する動画のデータ容量を抑えたい時は「1080p HD/30fps」、スローモーションなど、スピードの調整が必要になる編集をする予定がある時は「4K/60fps」でもOKです。

◎「設定」アプリを起動します

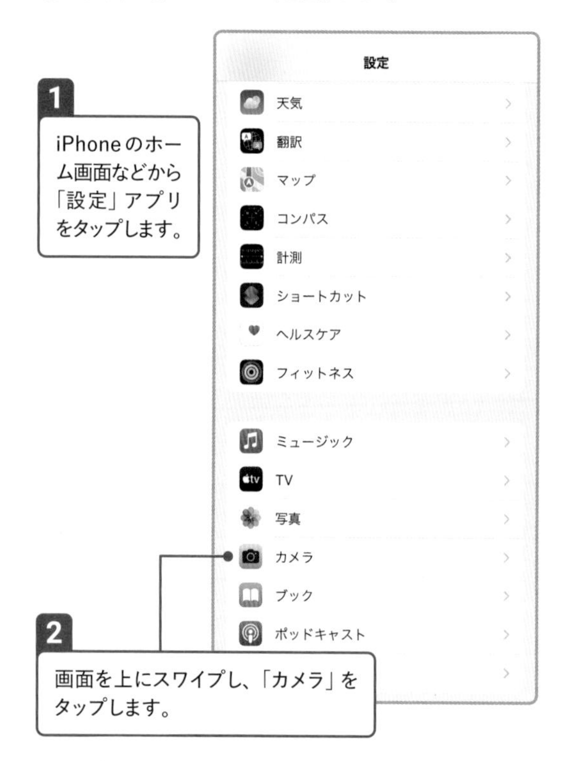

◎「ビデオ撮影」をタップします

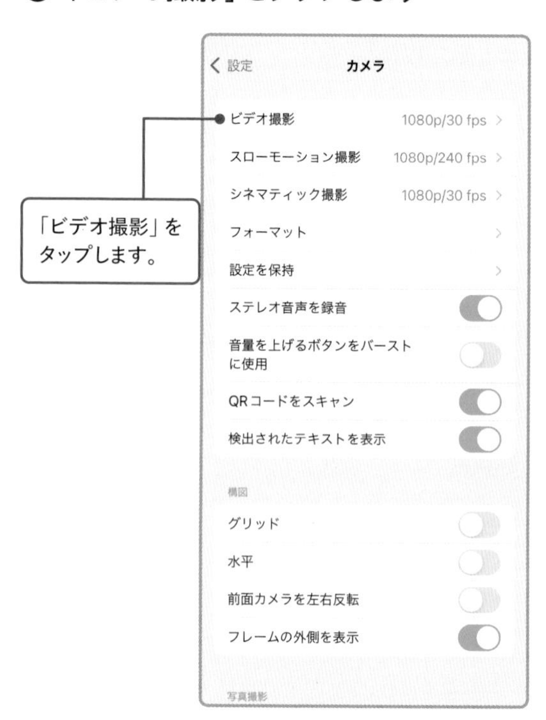

任意の画質に変更します

右の表などを参考に動画撮影時の画質を設定します。

く カメラ　ビデオ撮影

720p HD/30 fps

1080p HD/30 fps ✓

1080p HD/60 fps

4K/24 fps

4K/30 fps

4K/60 fps

QuickTakeビデオは常に1080p HD/30fpsで撮影します。

1分間のビデオのサイズは、およそ以下の通りです:
・45 MB (720p HD/30 fps、領域節約)
・65 MB (1080p HD/30 fps、デフォルト)
・100 MB (1080p HD/60 fps、よりスムーズ)
・150 MB (4K/24 fps、映画のスタイル)

		数値	使用目的
解像度（画像の繊細さ）	粗い ↑ ↓ 細かい	1080p	通常の画質
		4K	より綺麗な映像にしたい時
フレームレート（1秒間に表示される画像の枚数）	カクカク ↑ ↓ ヌルヌル	30fps	通常のフレームレート
		60fps	スピード調整の編集をしたい時

Androidスマホで解像度とフレームレートを設定する

Androidスマホでも、解像度やフレームレートの設定ができます。例えばGoogle Pixelでは、「カメラ」アプリ内の設定ボタンから、設定を変更できます。

02 グリッドを表示する

カメラの設定を表示します

「設定」アプリ→「カメラ」で、「グリッド」の ⚪ をタップします。

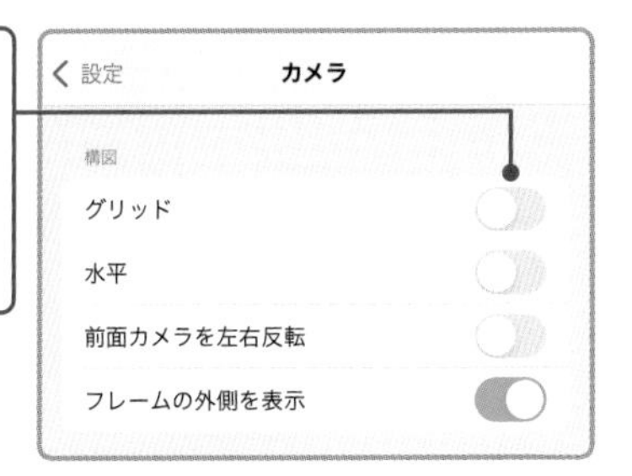

Check

Androidスマホでグリッドを表示する

Androidスマホでは、「カメラ」アプリ左下の設定ボタンをタップし、「その他の設定」からグリッドの表示を変更できます。

「カメラ」アプリにグリッドが表示されます

グリッドの表示がオンになり、撮影時にグリッドが表示されるようになります。地面や被写体のラインとグリッド線が平行になるように撮影しましょう。

03 水平を表示する

◎ カメラの設定を表示します

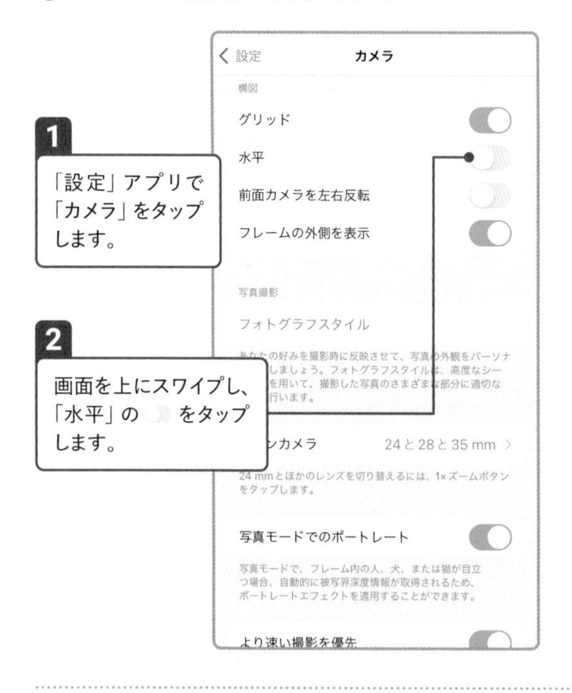

1 「設定」アプリで「カメラ」をタップします。

2 画面を上にスワイプし、「水平」の をタップします。

◎ 「水平」がオンになります

「水平」の表示がオンになります。

◎ iPhoneを垂直に持ちます

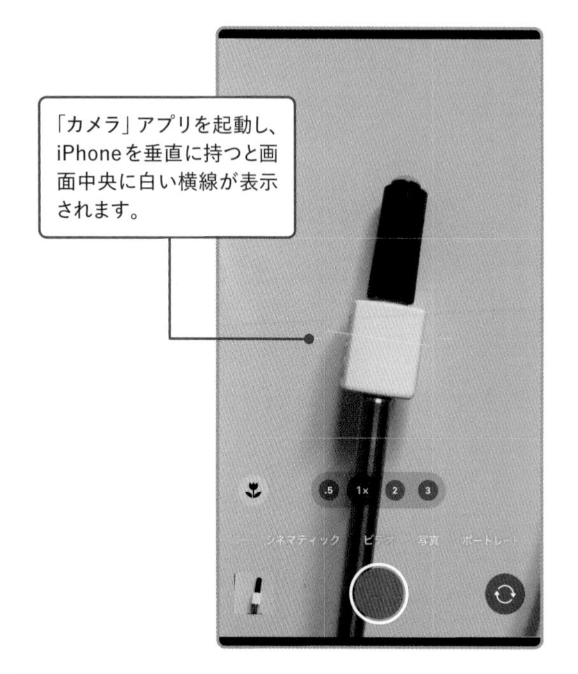

「カメラ」アプリを起動し、iPhoneを垂直に持つと画面中央に白い横線が表示されます。

◎ 水平な状態で撮影します

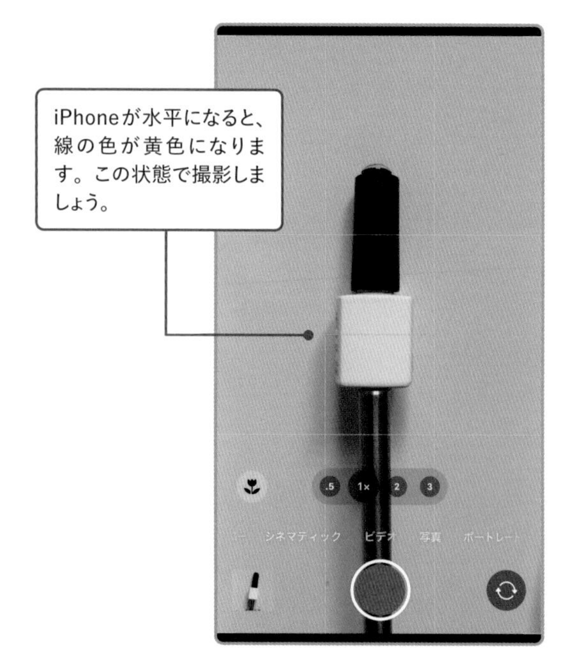

iPhoneが水平になると、線の色が黄色になります。この状態で撮影しましょう。

04 「True Tone」と「Night Shift」をオフにする

「True Tone」と「Night Shift」は、iPhoneの画面の色味を自動的に調整する機能です。これらがオンになっていると、動画の本来の色が確認しにくくなってしまうので、動画撮影や編集の際はオフにしておくのがおすすめです。

「設定」アプリを起動します

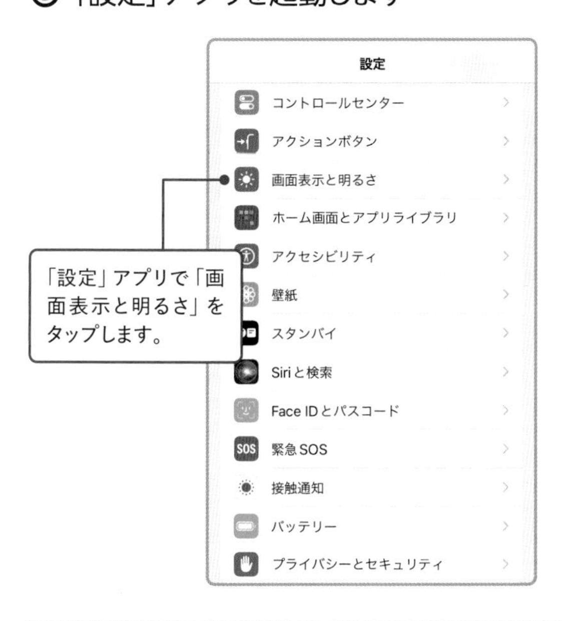

「True Tone」をオフにします

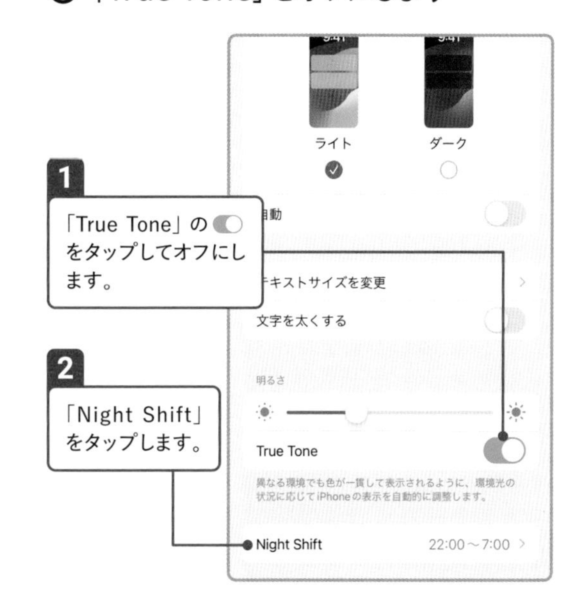

「Night Shift」の設定をオフにします

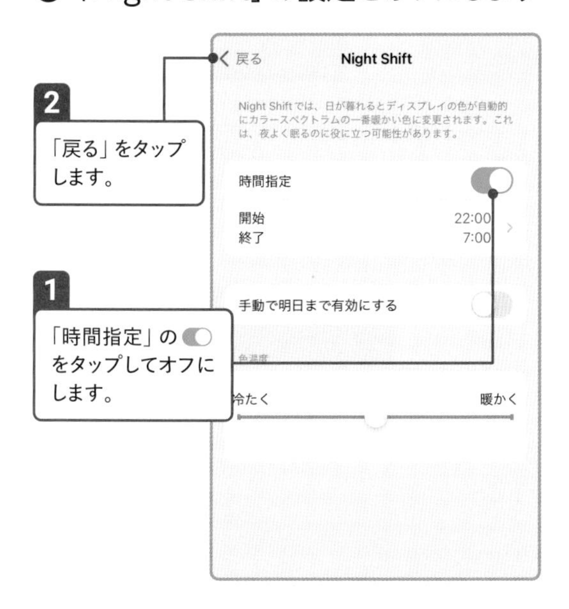

「Night Shift」がオフになります

05 画角を切り替える

「カメラ」アプリを起動した時の画角は、「メイン」レンズが適用されています。レンズが3つ搭載されているiPhoneであれば、撮影ボタンの上の「.5」をタップすると「超広角」レンズ、「2」や「3」をタップすると「望遠」レンズに切り替えができます。また、画面をズームイン／アウトしたり、「1x」をタッチしたままスライダをドラッグしてズームを詳細に設定したりすることもできます。基本はメインレンズでOKですが、カメラを動かすことが多い撮影をする時は、手ブレを少なくできる超広角レンズもおすすめです。

超広角

メイン

望遠（2倍）

Check 手ブレ補正を利用する

iPhone 14シリーズ以降の機種では、「カメラ」アプリの「ビデオ」モードで撮影する際に、画面上部の をタップすると「アクションモード」がオンになります。アクションモードは、明るい場所で「ビデオ」モード撮影している時の手ブレ補正を強化できる機能です。ただし、アクションモードは4K解像度に対応していないので、その点は注意が必要です。また、一部のAndroidスマホでも「カメラ」アプリ左下の設定ボタンから手ブレ補正機能を利用できます。

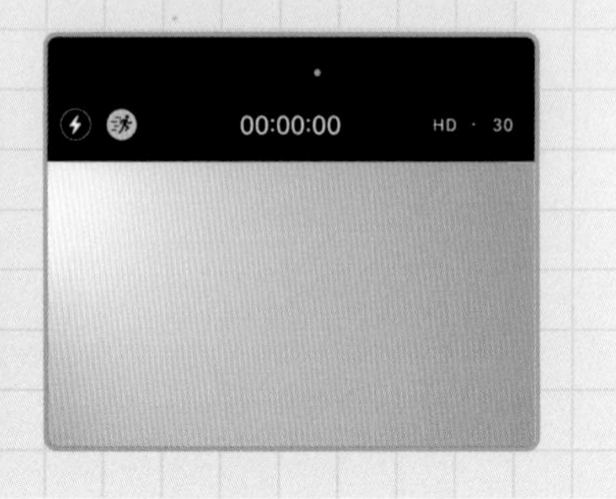

動画編集アプリ「CapCut」を使ってみよう

パソコンで行うような動画の編集をスマホでするには、動画編集用のアプリが必要です。まずは、App StoreやPlayストアから動画編集アプリを入手しましょう。ここでは、本書で使い方を解説する「CapCut」をApp Storeからインストールします。

「CapCut」をインストールする

「CapCut」をスマホにインストールしましょう。iPhoneの場合は「App Store」から、Androidスマホの場合は「Playストア」からインストールします。手持ちのスマホを確認して、下記QRコードを読み取ってください。なお、iPhoneの場合はApple IDでのサインインが、Androidスマホの場合はGoogleアカウントでのログインが必要になります。IDやアカウントがない場合は事前に作成しておきましょう。

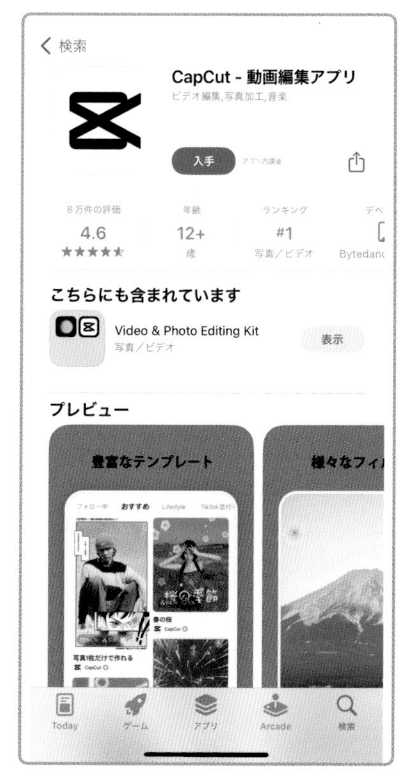

↑ QRコードを読み取ると、アプリのダウンロードページが表示されます。

◎ App Storeの「CapCut」ページ

◎ Playストアの「CapCut」ページ

◎「CapCut」を入手します

「入手」をタップします。

◎「CapCut」をインストールします

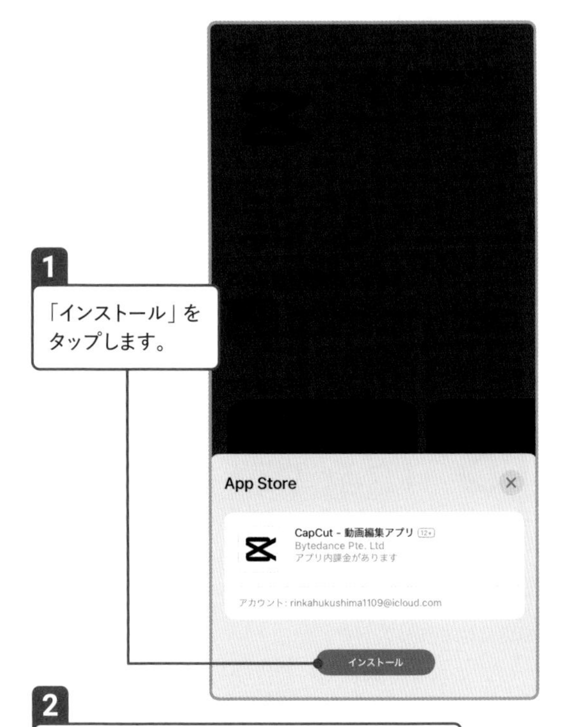

1 「インストール」をタップします。

2 次の画面でApple IDのパスワードを入力し、「サインイン」をタップします。iPhoneのセキュリティ機能であるFace IDやTouch IDでもインストールできます。

Check 「CapCut」の注意点

「CapCut」は利用規約上、13歳未満の使用や商用利用（動画編集を有料で請け負ったり、収益が発生するアカウントに投稿する動画を作成したりすること）が制限されています。「CapCut」から提供されている楽曲（P.053参照）やSE（P.057参照）、テキストフォント（P.047参照）、フィルター（P.062参照）といったオリジナルの素材には著作権があります。商用利用可能なものと不可のものが存在するので注意しましょう（スマホアプリからは確認できないことがあります）。また、商用利用可能な場合でも、投稿先が限られていることがあります。

オーディオ（楽曲・SE）	商用利用可能なものに限りTikTokへの投稿が可能
テキスト、スタンプ（ステッカー）、フィルター	商用利用可能なものに限りTikTok、Instagramリール、YouTubeショートなどへの投稿が可能

「CapCut」の初期設定をしよう

「CapCut」をインストールしたら、初期設定を行いましょう。デフォルトの設定のまま動画の書き出し（P.075参照）を行うと、CapCutのロゴの入ったエンディングが自動的に追加されてしまうので、あらかじめ設定をオフにするのがおすすめです。

01 「CapCut」の初期設定をする

「CapCut」を起動します

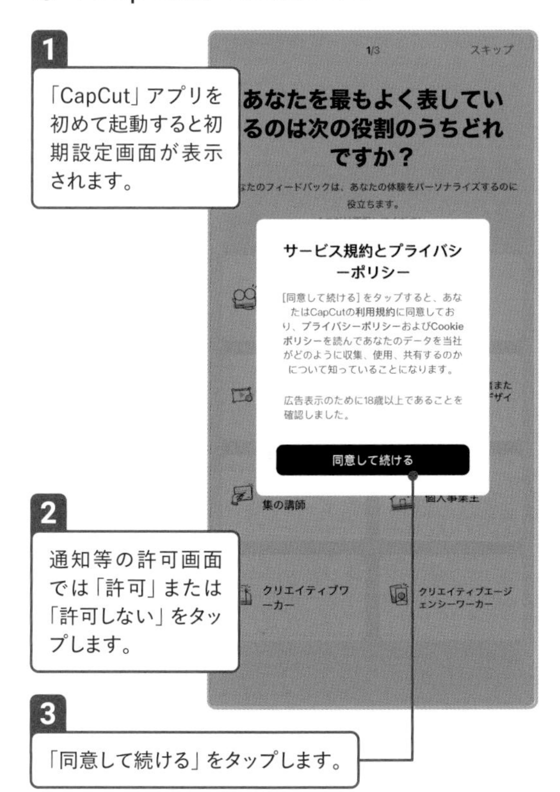

1 「CapCut」アプリを初めて起動すると初期設定画面が表示されます。

2 通知等の許可画面では「許可」または「許可しない」をタップします。

3 「同意して続ける」をタップします。

「CapCut」をパーソナライズします

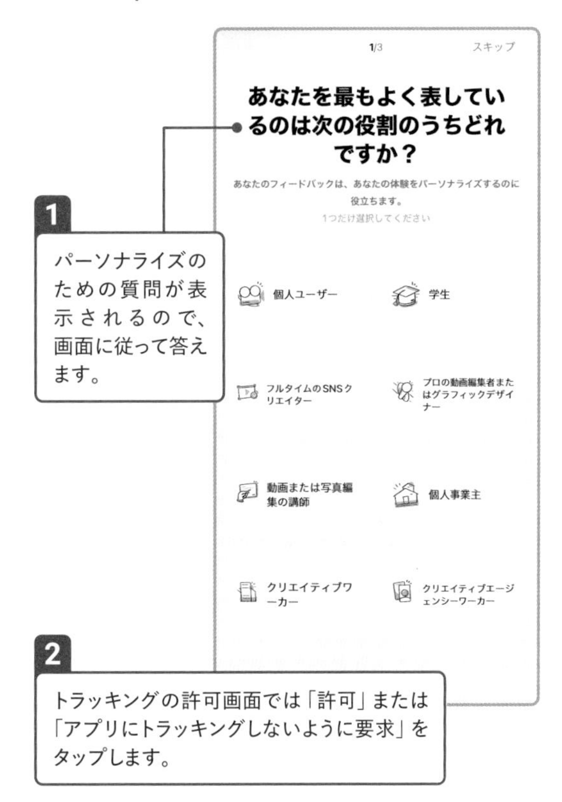

1 パーソナライズのための質問が表示されるので、画面に従って答えます。

2 トラッキングの許可画面では「許可」または「アプリにトラッキングしないように要求」をタップします。

3 初期設定が完了すると「テンプレート」タブが表示されます。

02 動画にエンディングが追加されないようにする

◎「編集」タブを表示します

「編集」をタップします。

◎ 設定画面を表示します

⚙をタップします。

◎「デフォルトの編集を追加」をオフにします

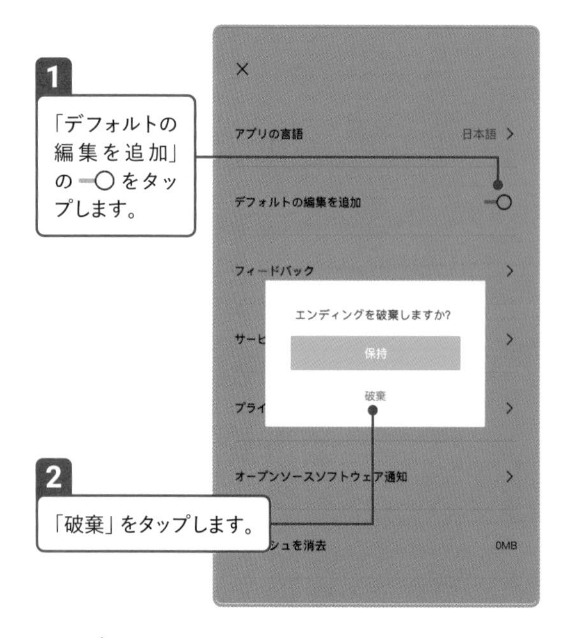

1 「デフォルトの編集を追加」の ―○ をタップします。

2 「破棄」をタップします。

◎ 設定画面を閉じます

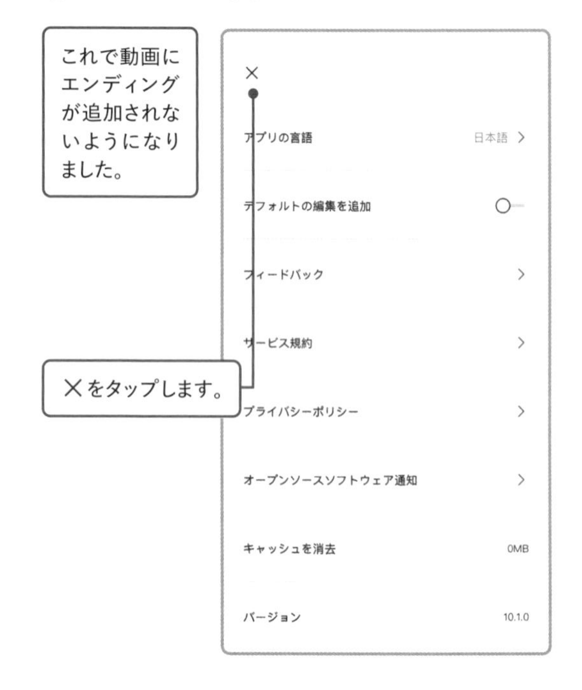

これで動画にエンディングが追加されないようになりました。

×をタップします。

動画素材・写真素材をダウンロードする

本書の解説で使用している動画や写真の一部はサンプルファイルとして配布しています。学習にご利用ください。下記QRコードから本書のウェブページにアクセスし、ページ下部の「ダウンロード」の項目からサンプルファイルをダウンロードしてください。iPhoneで「Safari」を利用している場合、ダウンロードした素材は、「ファイル」アプリに保存されます。

◎ ダウンロードページ

1

iPhoneのホーム画面などから「ファイル」アプリをタップし、「ブラウズ」をタップします。

2

「iCloud Drive」の「ダウンロード」をタップします。

3

ダウンロードした動画をタップします。

4

をタップします。

5

「ビデオを保存」または「画像を保存」をタップすると、「写真」アプリに保存されます。

Chapter 2 動画制作の始め方

「CapCut」に動画素材を読み込もう

動画の編集を始めるには、新しいプロジェクトを作成してスマホ内の動画素材を読み込む必要があります。ここでは、複数の動画素材を選択してプロジェクトに追加していますが、後から動画素材を追加することも可能です（P.043参照）。

01 「CapCut」で新しいプロジェクトを作成する

「編集」タブを表示します

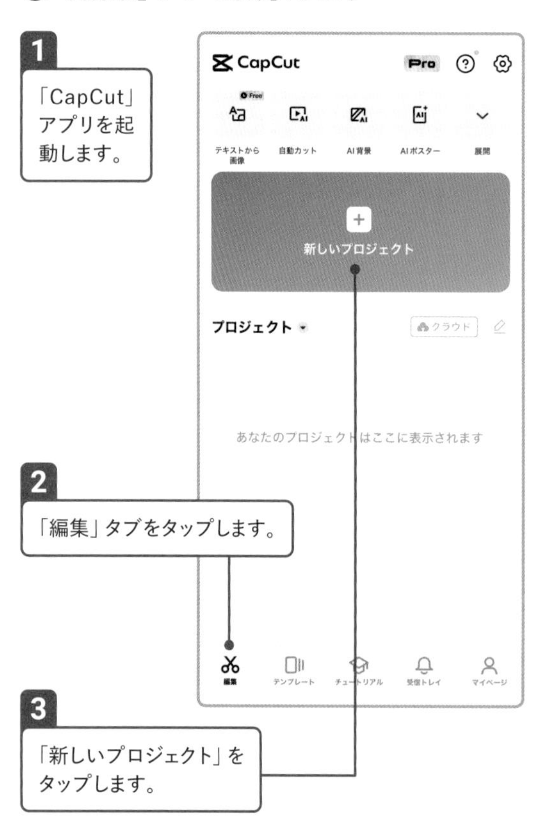

1 「CapCut」アプリを起動します。

2 「編集」タブをタップします。

3 「新しいプロジェクト」をタップします。

写真ライブラリへのアクセスを許可します

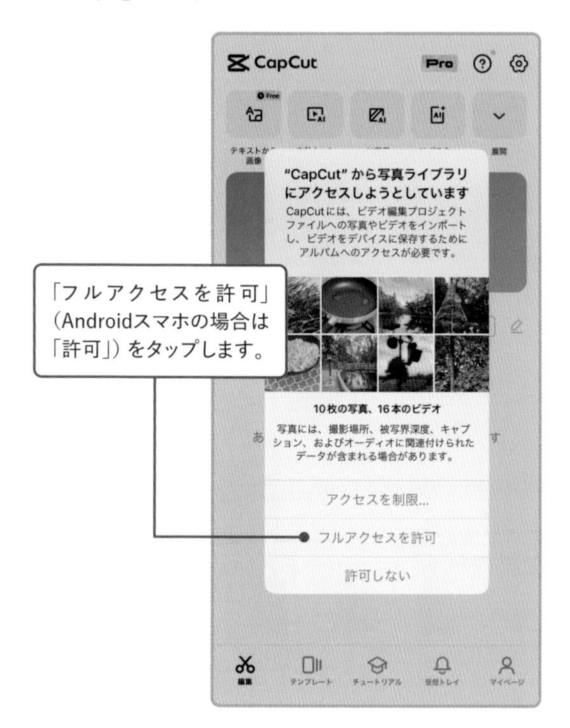

「フルアクセスを許可」（Androidスマホの場合は「許可」）をタップします。

読み込む動画素材を選択します

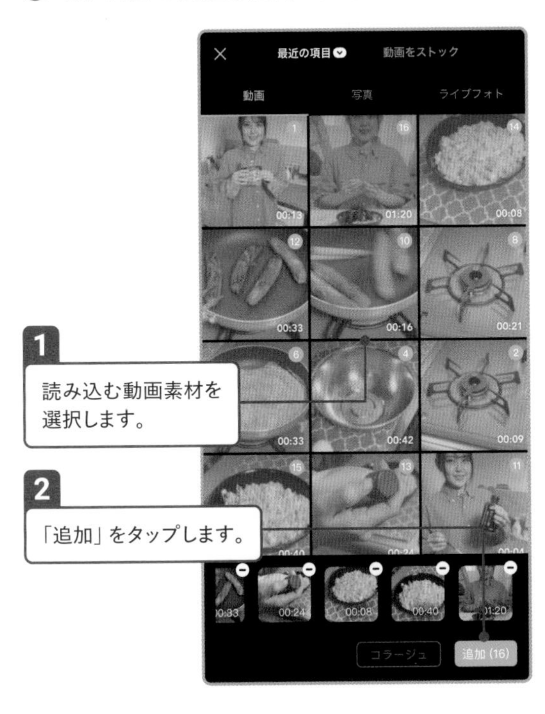

1 読み込む動画素材を選択します。

2 「追加」をタップします。

編集画面が表示されます

動画素材が読み込まれ、CapCutの動画編集画面が表示されます。

02 動画の画面比率を「9:16」に設定する

「縦横比」をタップします

ツールバーを左にスワイプして、「縦横比」（機種によっては「比率」）をタップします。

「9:16」に設定します

1 「9:16」をタップします。

2 ✓をタップします。

Chapter 2 動画制作の始め方

「CapCut」の動画編集画面を確認しよう

「CapCut」は、動画素材を読み込んだ動画編集画面でさまざまな編集を行います。ここでは、動画編集画面の見方を紹介します。まずはそれぞれの役割を確認して、これからの動画編集を円滑に進められるようにしましょう。

基本の動画編集画面を確認する

Check キーフレーム

クリップ（次ページ参照）を選択すると、「元に戻す」の左に「キーフレーム」のアイコンが表示されることがあります。「キーフレーム」の使い方はP.120で解説しています。

編集トラック/タイムライン

編集トラックは、動画やBGM、テキストなどが並ぶ場所です。編集トラックに並べられた素材は「動画クリップ」「BGMクリップ」「テキストクリップ」などのように呼ばれ、長押しして色が変わった時にドラッグすると入れ替えができます。白い縦棒は「再生ヘッド」と言い、プレビュー画面と連動しています。タイムラインをピンチすると、拡大・縮小ができます。拡大するとより正確な編集ができ、縮小するとクリップの入れ替えや動画全体のプレビューがしやすくなります。

Check ピンチイン／ピンチアウトする

画面上を２本の指でつまむように動かすことをピンチイン、広げるように動かすことをピンチアウトと言い、プレビュー画面やタイムラインなどの縮小、拡大ができます。

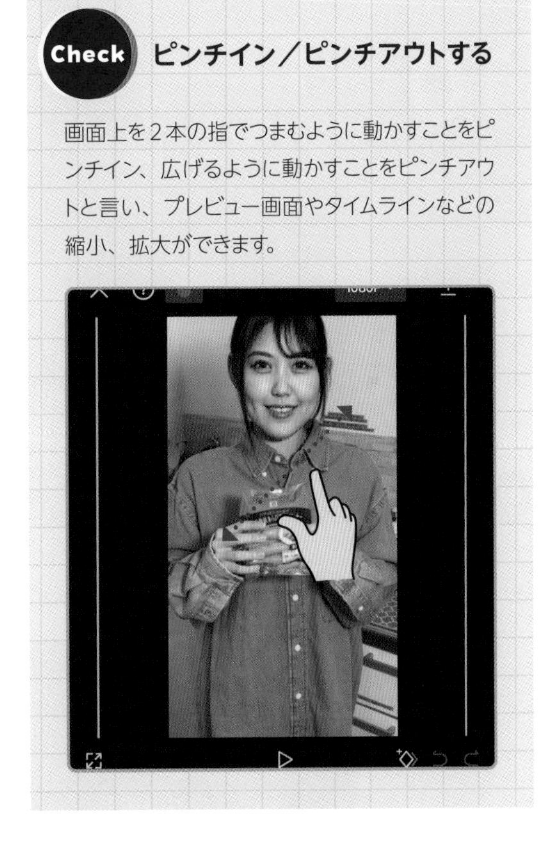

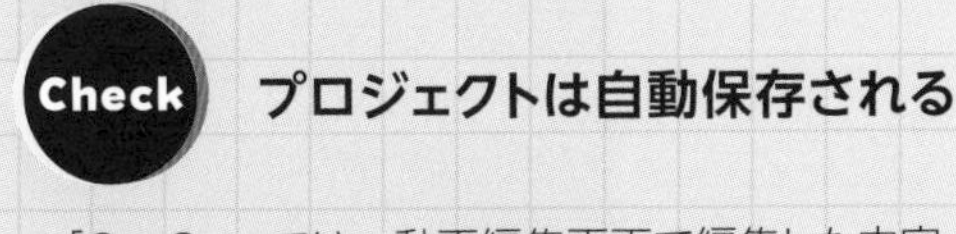

Check プロジェクトは自動保存される

「CapCut」では、動画編集画面で編集した内容が自動的に「プロジェクト」として保存されます。動画編集画面左上の☒をタップすると「編集」タブが表示され、プロジェクトをタップすると動画編集画面に戻って編集を再開できます。なお、「編集」タブでプロジェクト右の⋮→「名前変更」をタップすると、プロジェクト名を自由に変更できます。

不要なシーンをカットしよう

見本動画

https://www.youtube.com/shorts/TiNr_b8w6hM

動画クリップの削除したいシーンを切り取る編集を「カット編集」と言います。野外で撮影した動画に通行人が映り込んでしまったり、ショート動画で使用するカットを厳選して使ったりする時にカット編集は必須です。

01 動画を分割して不要な動画クリップを削除する

◎ 動画編集画面を表示します

編集トラックを左右にスワイプし、クリップを分割したい位置に再生ヘッドを移動させます。

◎ 動画クリップを選択します

1 分割する動画クリップをタップします。

2 「分割」をタップします。

削除したい動画クリップを選択します

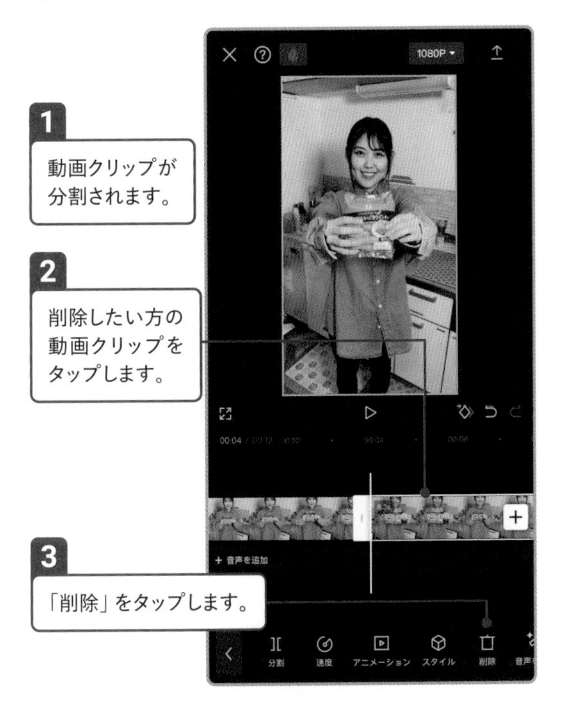

動画クリップが削除されます

02 動画クリップを縮めて必要なシーンを残す

編集する動画クリップを選択します

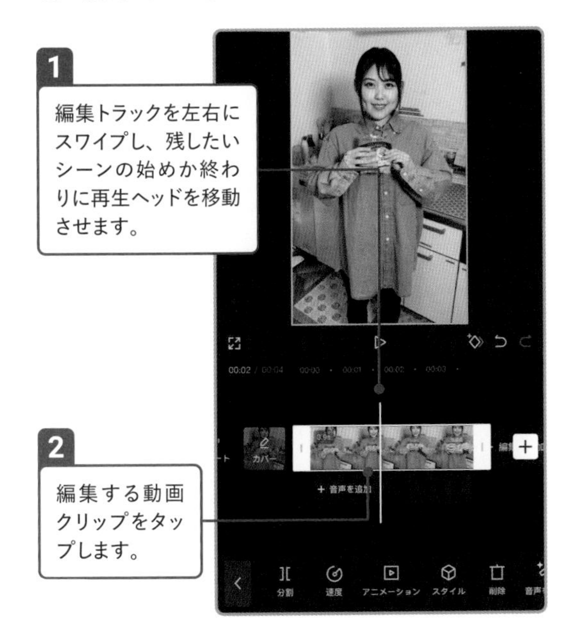

動画クリップの長さを短くします

動画にテキストを入れよう

見本動画

https://www.youtube.com/shorts/GpQzbBrza4k

動画にテキストを加えると、話している内容や商品名といった情報の補足をしたり、タイトルの表示や絵文字での装飾をしたりすることができます。短い時間に読める文字数は限られているので、シンプルにまとめるようにしましょう。

01 動画にテキストを入れる

テキストサブツールバーを表示します

テキストを追加します

Check 1秒間に読める文字数

一般的に、人が1秒間に読める文字数は、日本語で4文字、英語（アルファベット）で12文字と言われています。ショート動画に入れるテロップは、短くまとめることが基本です。この目安を元に、テロップの文字数や表示時間を調整しましょう。

テキストを入力します

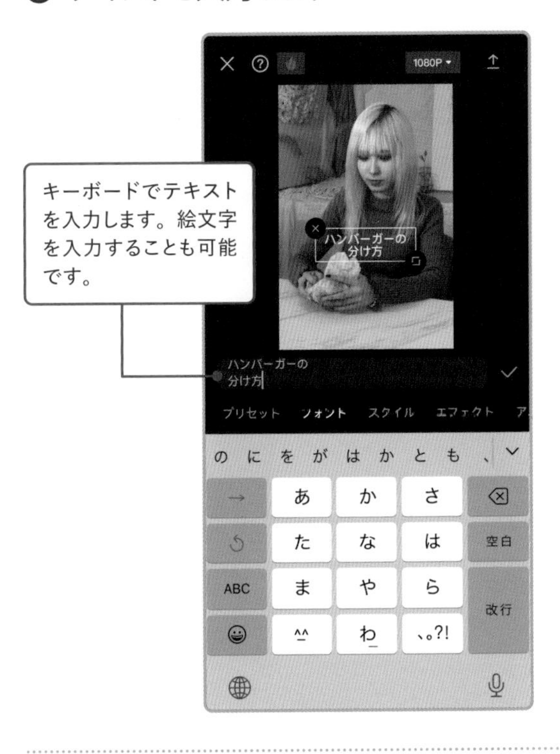

キーボードでテキストを入力します。絵文字を入力することも可能です。

フォントを設定します

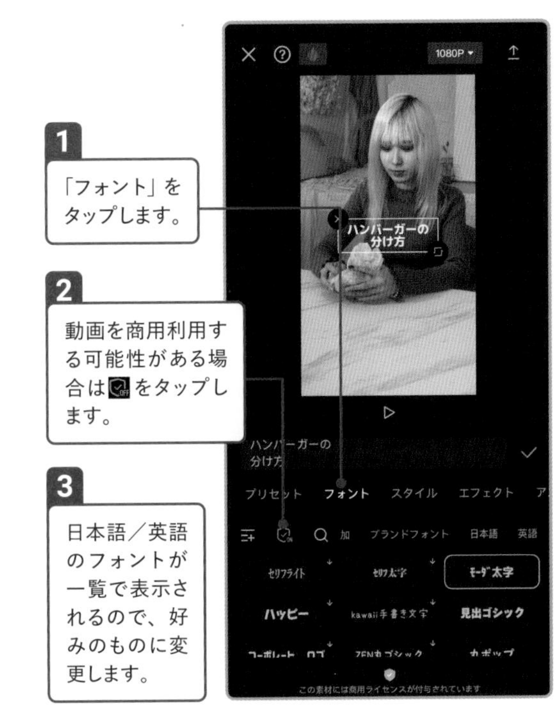

1 「フォント」をタップします。

2 動画を商用利用する可能性がある場合は をタップします。

3 日本語／英語のフォントが一覧で表示されるので、好みのものに変更します。

スタイルを設定します

1 「スタイル」をタップします。

2 フォントの色やテキスト背景の色を好みのものに変更します。

テキストの大きさを調整します

1 プレビュー画面内のテキストをピンチするか、「サイズ」のスライダーを左右にドラッグして大きさを調整します。

2 ✓をタップします。

テキストの表示時間を調整します

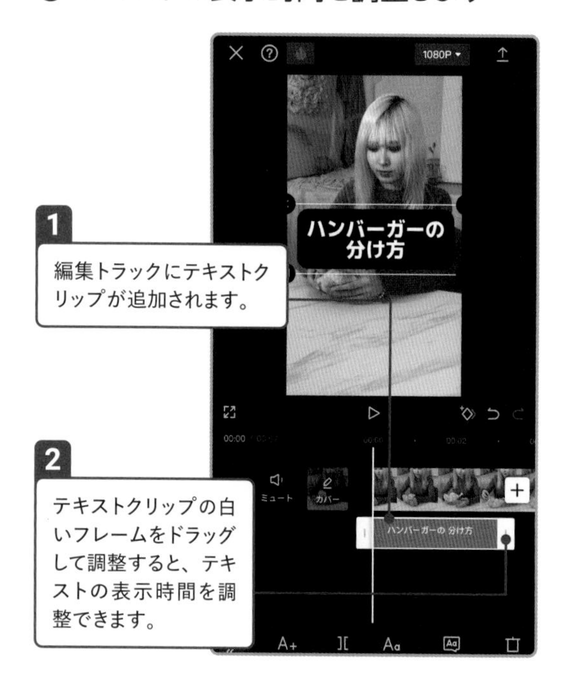

Check テキストを修正する

入力したテキストを修正するには、ツールバーの「テキスト」をタップしてテキストトラックを表示します。テキストクリップをタップし、プレビュー画面からテキスト右上の をタップすると、テキストを変更できます。

02 テキストを複製する

テキストクリップをコピーします

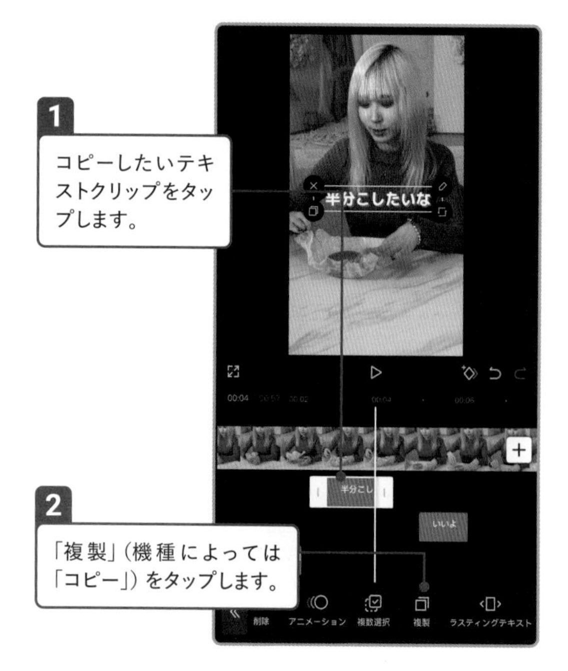

テキストクリップを移動させます

動画の音声から自動的に文字起こししてテロップを入れよう

見本動画

https://www.youtube.com/shorts/tKjZyMxiJHc

話している内容をテロップにする時は、文字起こしをし、テキストを挿入して、話している内容とタイミングを合わせて表示させる、という流れが一般的です。ここでは、一連の作業を自動化できる「自動キャプション」機能の使い方を解説します。

文字起こしとテロップの挿入を自動化する

◎「テキスト」をタップします

「テキスト」をタップします。

◎「自動キャプション」をタップします

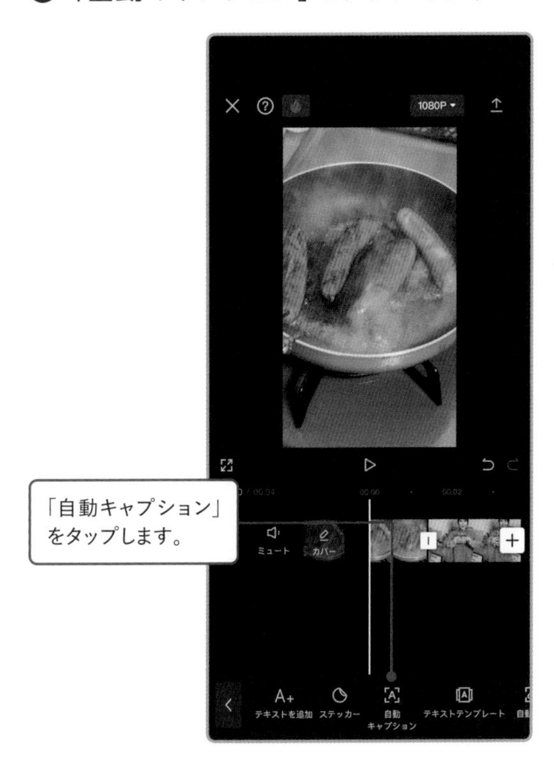

「自動キャプション」をタップします。

Chapter 2 動画制作の始め方

◎ 文字起こしするデータを選択します

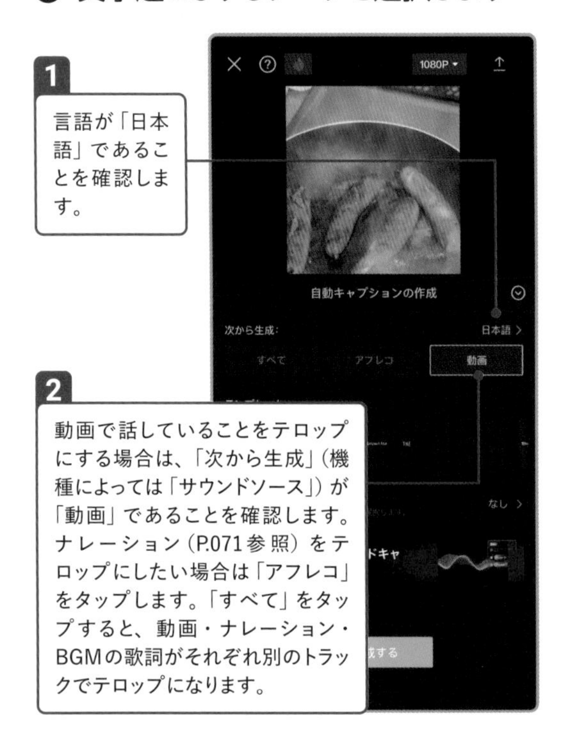

1 言語が「日本語」であることを確認します。

2 動画で話していることをテロップにする場合は、「次から生成」（機種によっては「サウンドソース」）が「動画」であることを確認します。ナレーション（P.071参照）をテロップにしたい場合は「アフレコ」をタップします。「すべて」をタップすると、動画・ナレーション・BGMの歌詞がそれぞれ別のトラックでテロップになります。

◎ 自動キャプションの作成を開始します

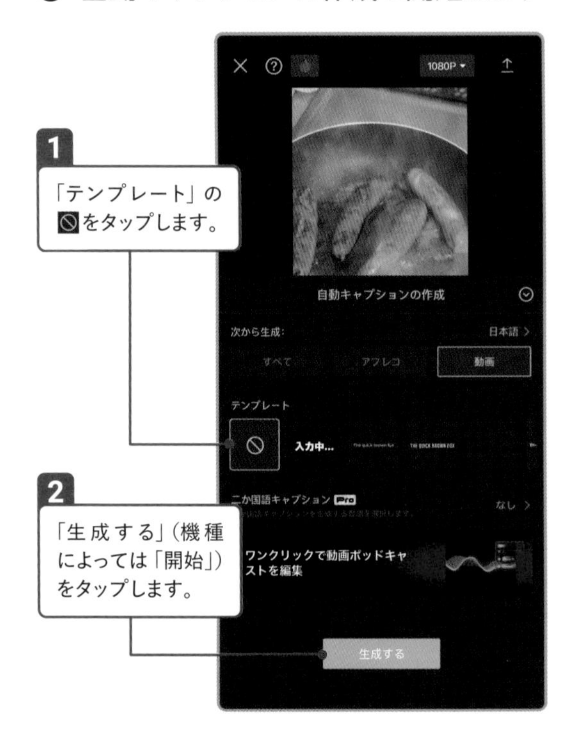

1 「テンプレート」の⃠をタップします。

2 「生成する」（機種によっては「開始」）をタップします。

Check 現在のキャプションを消去

既に自動キャプションを追加した状態で再度「自動キャプション」をタップすると、「生成する」の下に「現在のキャプションを消去」（機種によっては「現在の字幕を消去」）するオプションが表示されます。消去する時はチェックを入れたまま、テキストを残す時は「現在のキャプションを消去」をタップしてチェックを外してから、「生成する」をタップします。

ワンクリックで動画ポッドキャストを編集
生成する
現在のキャプションを消去

◎ 自動キャプションが追加されます

しばらくすると、自動キャプションの作成が完了し、編集トラックに追加されます。テロップの表示時間を変更したい場合は、P.048を参考に調整します。

「一括編集」をタップします

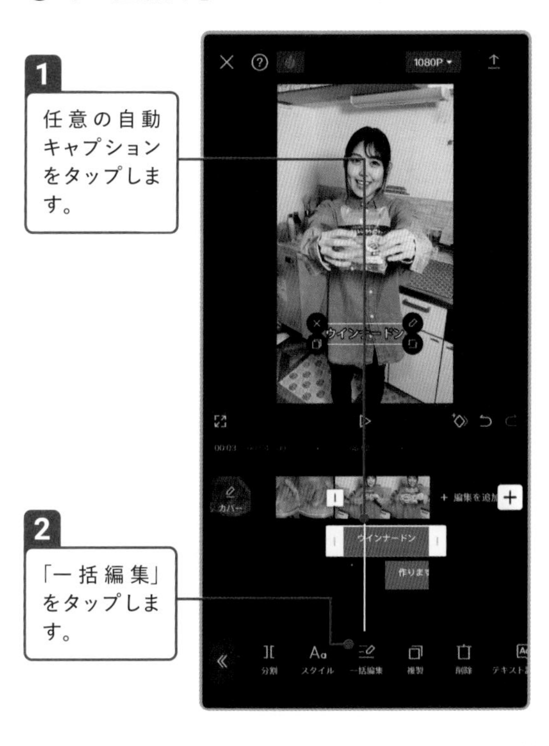

自動キャプションの一覧が表示されます

文字を修正します

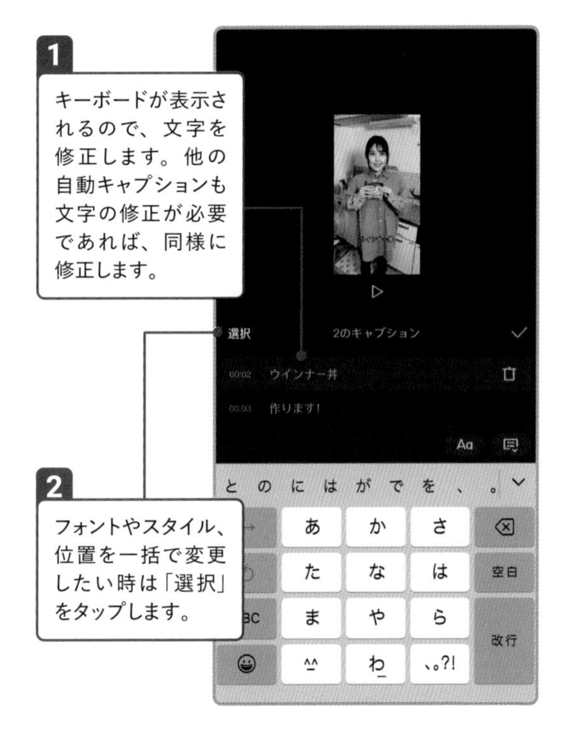

フォントなどを統一する自動キャプションを選びます

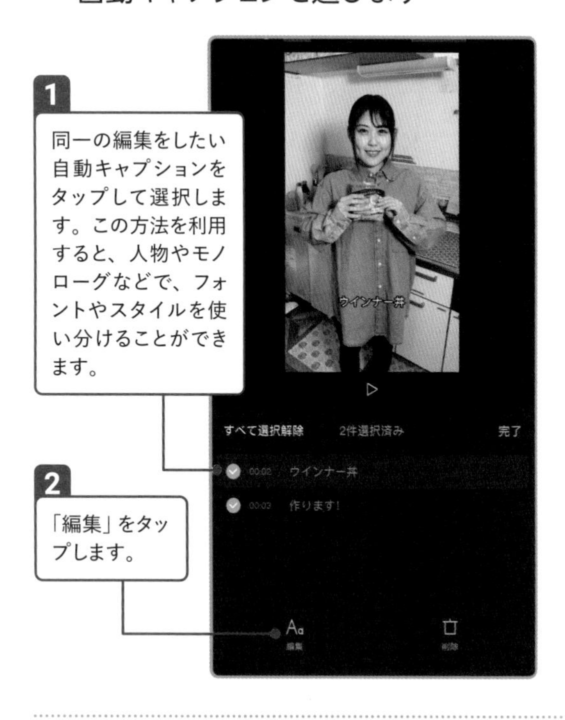

1 同一の編集をしたい自動キャプションをタップして選択します。この方法を利用すると、人物やモノローグなどで、フォントやスタイルを使い分けることができます。

2 「編集」をタップします。

フォントやスタイル、表示位置を調整します

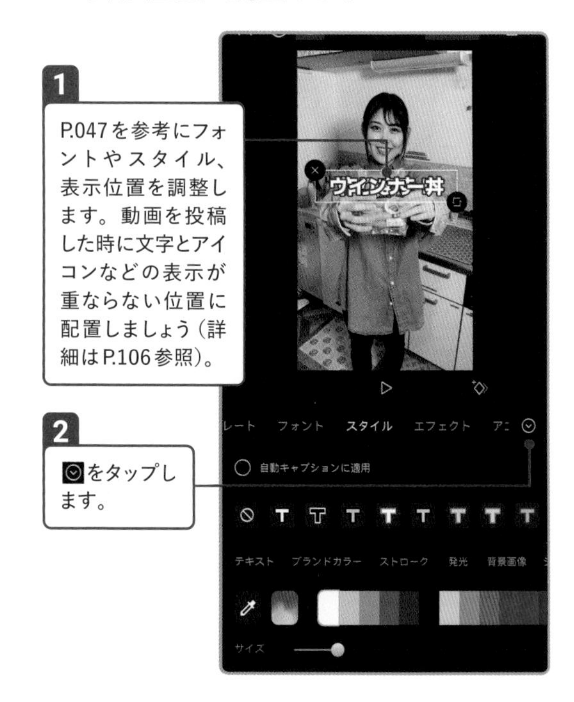

1 P.047を参考にフォントやスタイル、表示位置を調整します。動画を投稿した時に文字とアイコンなどの表示が重ならない位置に配置しましょう（詳細はP.106参照）。

2 ⌄をタップします。

Check 自動キャプションに適用

一部機種では、自動キャプションのフォントやスタイルを編集する画面には「自動キャプションに適用」というオプションが表示されています。これは、「テキスト」→「スタイル」から画面を表示した際にも設定でき、タップしてオンにすると、全ての自動キャプションに同じフォントやスタイルの設定が適用されます。使いやすい方法で一括変更をしてください。また、自動キャプションのフォントやスタイルなどは、後から個別に修正できますが、この設定をオフにしないと全部に反映されてしまうので注意してください。

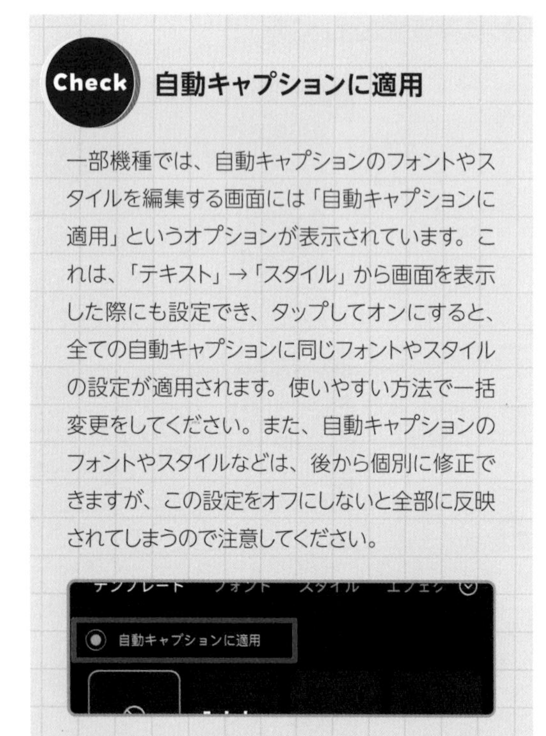

テロップの設定が完了します

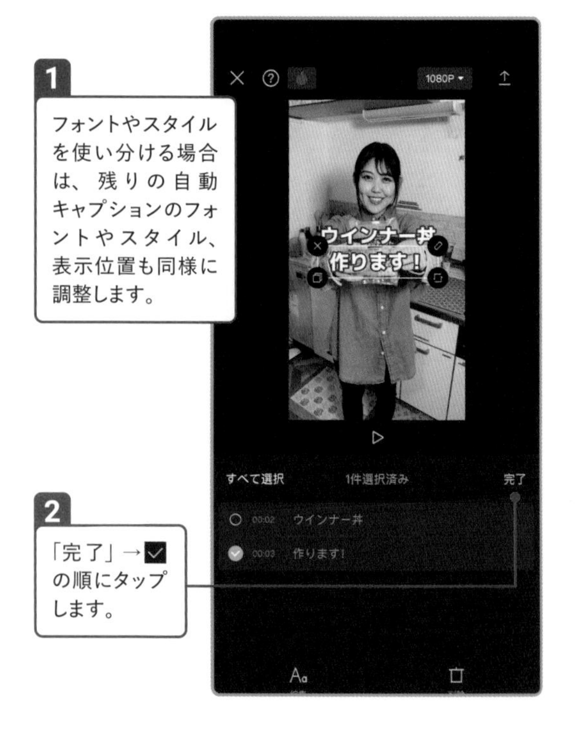

1 フォントやスタイルを使い分ける場合は、残りの自動キャプションのフォントやスタイル、表示位置も同様に調整します。

2 「完了」→☑の順にタップします。

動画にBGMを入れよう

動画の内容によってはBGMを入れることで、視聴者にインパクトを与えたり、親近感を覚えさせたりできるようになります。動画の雰囲気に合わせた楽曲を選択しましょう。ここでは、「CapCut」内のBGMを追加します。

01 「CapCut」内のBGMを追加する

オーディオサブツールバーを表示します

「楽曲」を選択します

楽曲のジャンルを選択します

動画の雰囲気に合った楽曲のジャンルをタップします。

楽曲を確認します

1 楽曲の一覧が表示されます。

2 気になる楽曲をタップします。

楽曲を追加します

楽曲が再生されるので、その曲をBGMにする場合は［+］をタップします。

BGMクリップが追加されます

動画編集画面にBGMクリップが追加されます。

02 BGMの音量を調整する

◎「音量」をタップします

◎ 音量を調整します

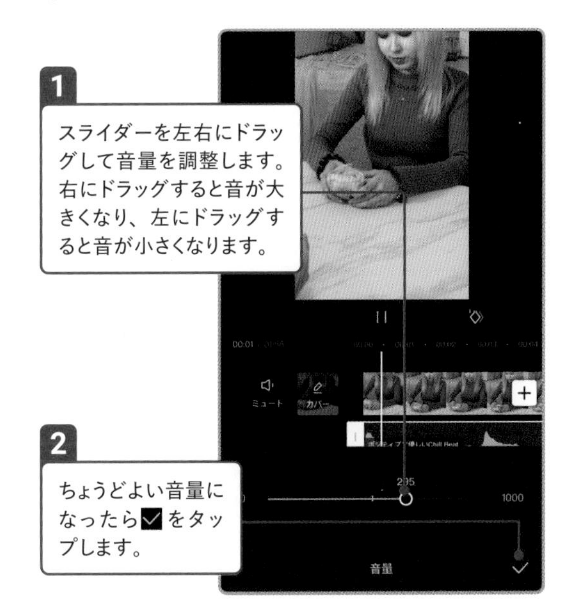

03 BGMをフェードアウトさせる

◎ BGMを分割します

◎ 分割したBGMを削除します

「フェード」をタップします

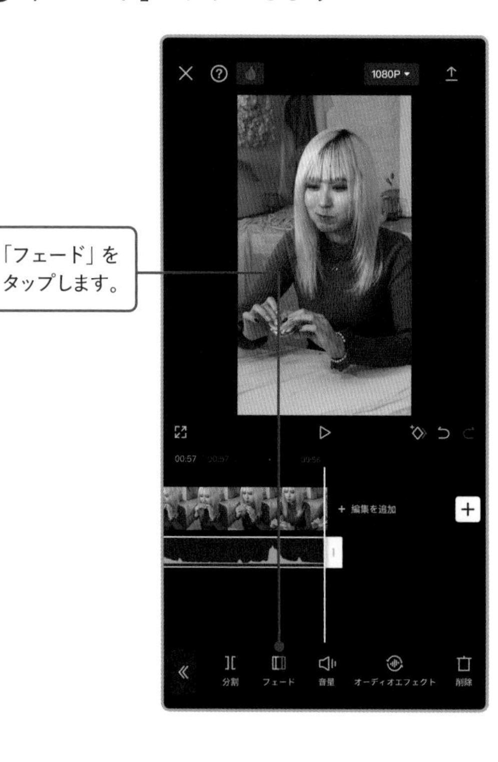

フェードアウトの長さを設定します

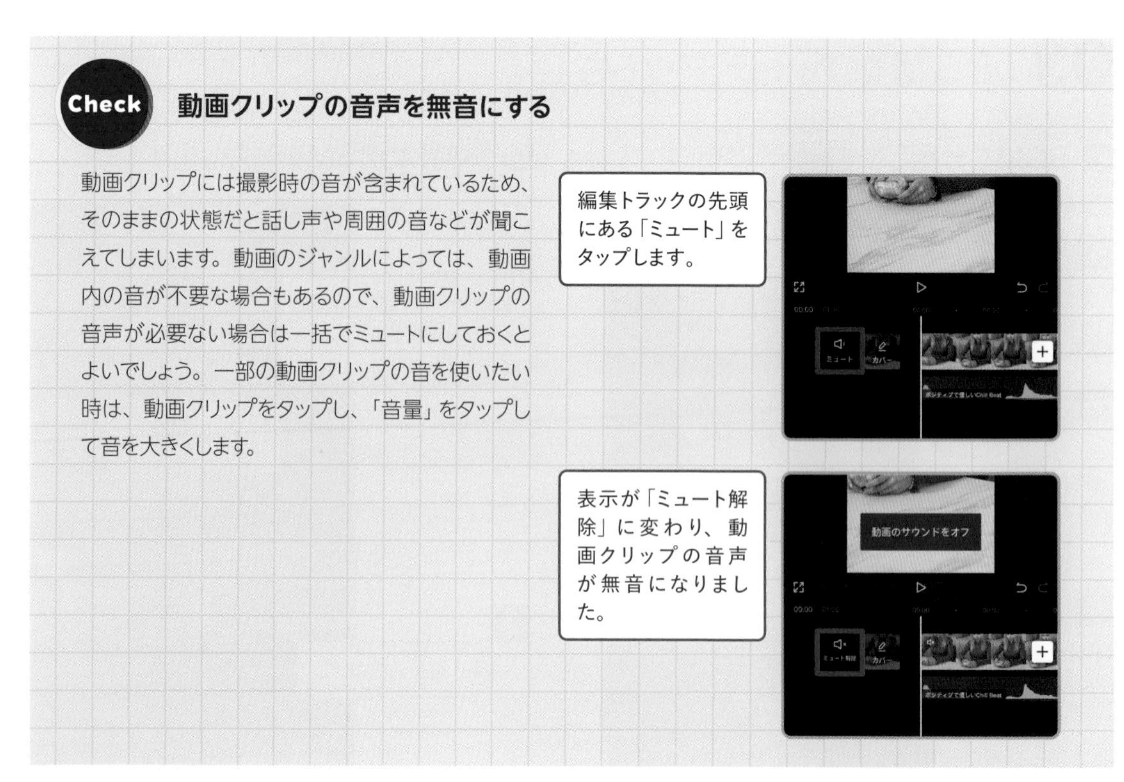

Check 動画クリップの音声を無音にする

動画クリップには撮影時の音が含まれているため、そのままの状態だと話し声や周囲の音などが聞こえてしまいます。動画のジャンルによっては、動画内の音が不要な場合もあるので、動画クリップの音声が必要ない場合は一括でミュートにしておくとよいでしょう。一部の動画クリップの音を使いたい時は、動画クリップをタップし、「音量」をタップして音を大きくします。

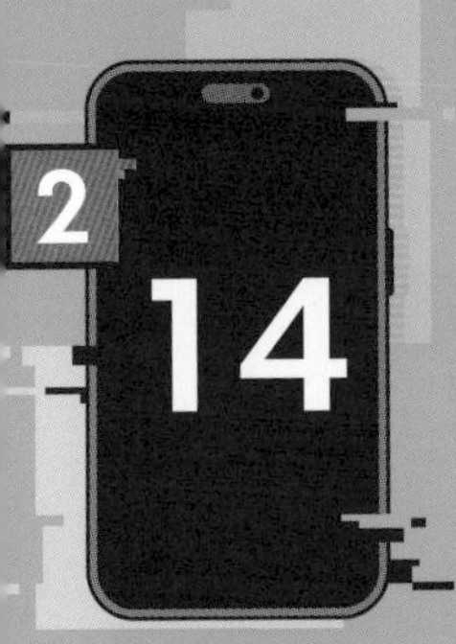

2 14 動画にSE（効果音）を入れよう

SE（効果音）は、動画に欠かせない大切な要素の1つです。シーンに合った適切な効果音を選べば、視聴者にイメージや感情をより印象的に伝えることができます。効果音を入れることによって動画のリズムも生まれるので、離脱対策にも有効です。

「CapCut」内の効果音を追加する

オーディオサブツールバーを表示します

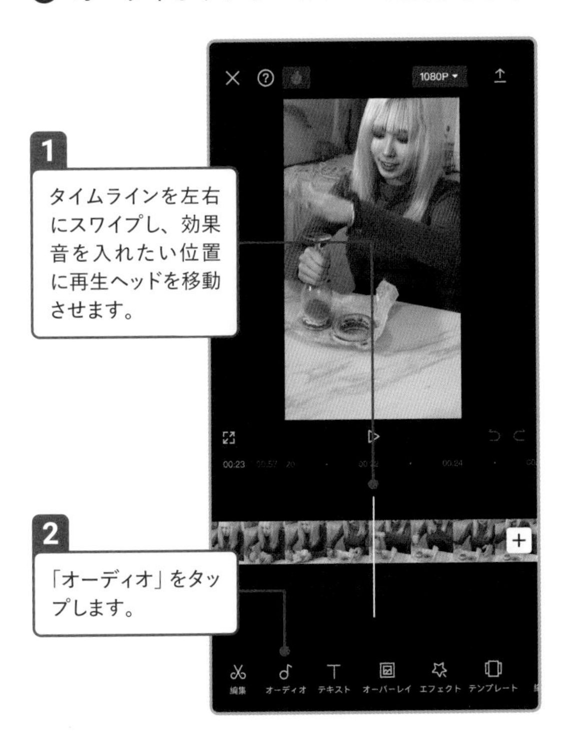

「サウンドFX」を選択します

効果音のジャンルを選択します

動画のシーンに合った効果音のジャンルをタップします。

効果音を確認します

気になる効果音をタップします。

効果音を追加します

効果音が再生されるので、その効果音を利用する場合は[＋]をタップします。

よく使う効果音は、[保存アイコン]をタップするとジャンルの左にある[保存アイコン]に保存できます。

SEクリップが追加されます

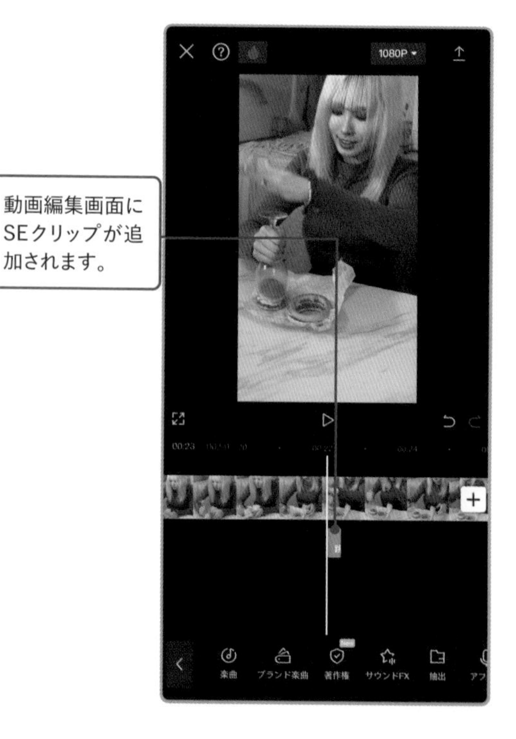

動画編集画面にSEクリップが追加されます。

好きな曲や効果音を動画に取り込もう

見本動画

https://www.youtube.com/shorts/DvAROVojNEY

オリジナル楽曲や音楽素材サイトからダウンロードした音声データをBGMやSEにしたい時は、「CapCut」に読み込んで使うことができます。あらかじめスマホに音声データを保存しておきましょう。ここではiPhoneを使った手順を解説します。

ダウンロードした楽曲を「CapCut」にインポートする

BGMやSEを入れたい動画のプロジェクトを開きます

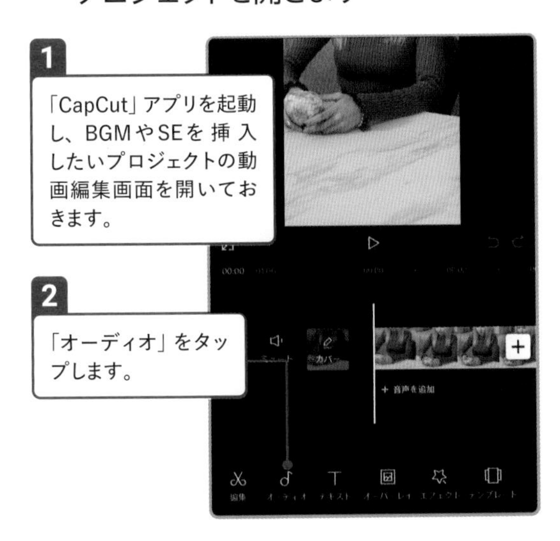

「楽曲」をタップします

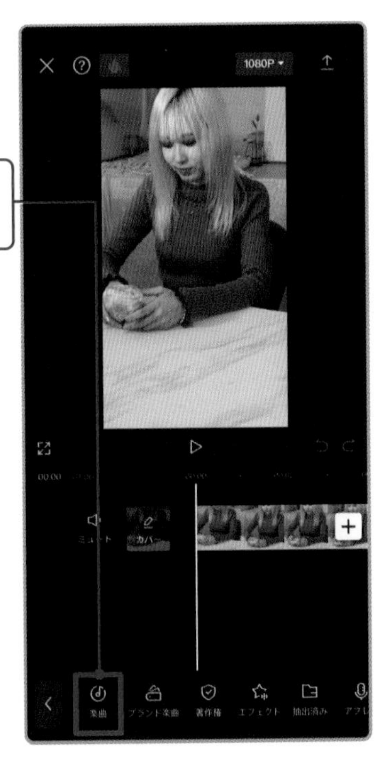

◎ オーディオ（マイミュージック）を表示します

Check ダウンロードした音声データの保存場所

音楽素材サイトからダウンロードした音声ファイルは、「iCloud Drive」の「ダウンロード」フォルダに保存されています。

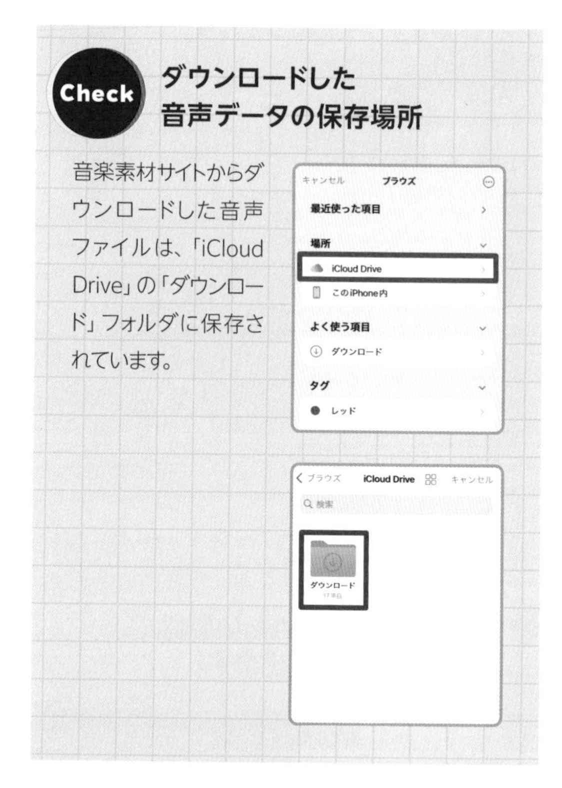

◎ デバイスからインポートします

◎ 音声データを選択します

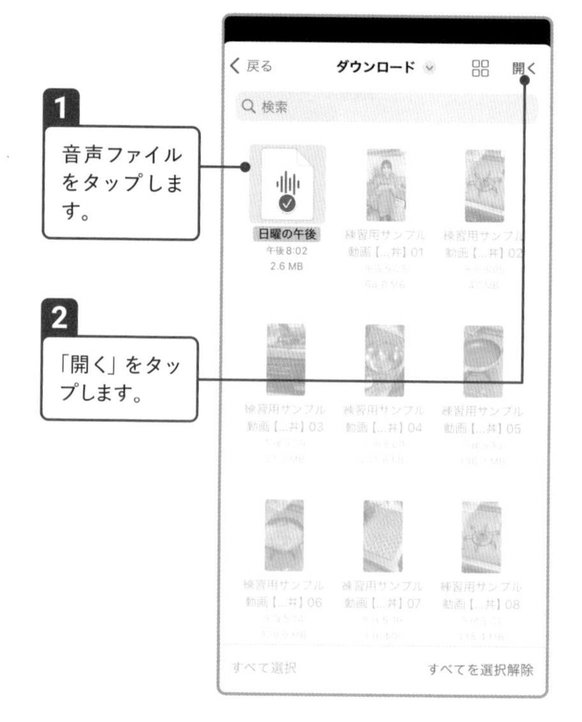

音声データを追加します

BGMが挿入されます

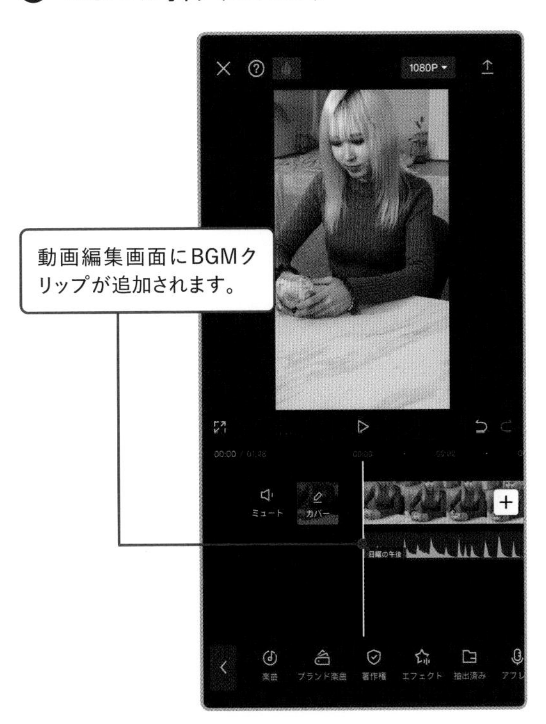

Check 音楽素材をダウンロードできるサイト

ここでは、インフルエンサーにもよく利用されている音楽素材サイトと、テキストから作曲ができる音楽生成AIを紹介します。音楽素材によっては、収益化の際に利用制限が発生することもあります。必ず各サイトの利用規約を確認してください。

DOVA-SYNDROME

ロイヤリティフリー（楽曲使用料不要）で利用できる無料の音楽素材サイトです。

Artlist

世界中の動画クリエイターが利用する有料音楽素材サイトです。

Mubert

AIが音楽を生成するので、他人と被らないBGMを使いたい時におすすめです。動画で使用するには月14＄のCreatorプラン、収益化している場合は月39＄のProプランへの加入が必要です。

効果音ラボ

自然音や声素材、アニメ効果音など2000種類以上の音を揃えた無料の効果音素材サイトです。

フィルターで動画の雰囲気を変えてみよう

フィルターをかけると、画の雰囲気を一発でガラッと変えられます。フォトジェニックな映像にしたい時や、温かみ・爽やかさなどを印象付ける映像にしたい時におすすめです。フィルターは全ての動画クリップに同じものを適用して、統一感を意識しましょう。

フィルターを適用する

動画クリップを選択します

1 動画クリップをタップします。

2 「フィルター」をタップします。

フィルターの一覧が表示されます

フィルターの一覧が表示されるので、左右にスワイプして好みのフィルターをタップします。

「編集」タブを表示します

スライダーを左右にドラッグしてフィルターの適用量を調整します。

プレビュー画面を長押しすると、元の色味を確認できます。

全ての動画クリップに同じフィルターを適用します

1 「すべてに適用」をタップします。

2 ✓をタップします。

各動画クリップのフィルターを調整します

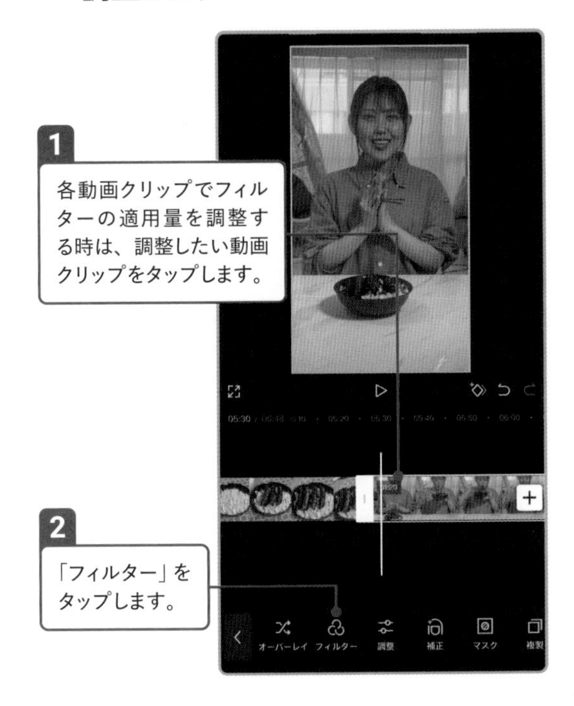

1 各動画クリップでフィルターの適用量を調整する時は、調整したい動画クリップをタップします。

2 「フィルター」をタップします。

フィルターの適用量を再調整します

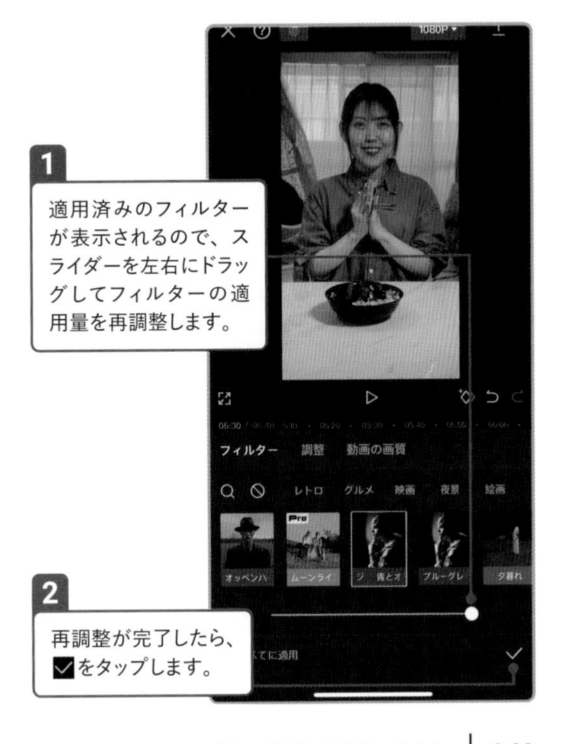

1 適用済みのフィルターが表示されるので、スライダーを左右にドラッグしてフィルターの適用量を再調整します。

2 再調整が完了したら、✓をタップします。

動画の明るさや色を調整しよう

「CapCut」には手軽に雰囲気を変えられる「フィルター」の他に、明るさや色味を細かく変更できる15種類の「調整」機能が備わっています(スマホで利用できるのは14種類)。動画クリップが暗い時などに活用しましょう。

01 動画の明るさや色を調整する

◎「調整」をタップします

◎ 明るさを調整します

02 「調整」の項目で調整できる明るさや色味の変わり方

ここでは、主な項目と適用量による画の変わり方を紹介します。

◎ 何も調整していない時の画

◎ 「明るさ」

画全体の明るさを変えることができます。スライダーを右にドラッグすると白っぽく（明るく）、左にドラッグすると黒っぽく（暗く）なります。

明るさ：-50

明るさ：50

◎ 「コントラスト」

明るい部分と暗い部分の差を調整できます。スライダーを右にドラッグするとメリハリのある画に、左にドラッグすると柔らかな画になります。

コントラスト：-50

コントラスト：50

◎ 「飽和色」

彩度の調整ができます。スライダーを右にドラッグすると鮮やかに、左にドラッグすると色褪せてモノクロになります。

飽和色：-50

飽和色：50

「輝き」

「輝き」（機種によっては「露出」）では動画を撮る際にレンズに取り込まれる光の量を調整できます。スライダーを右にドラッグすると明るく、左にドラッグすると暗くなるので、「明るさ」と比べてみて使い分けるとよいでしょう。

輝き：-50

輝き：50

「HSL」

特定の色の「色合い」「飽和色」「輝度」を変更できます。下の例では、ピンクを選択し、「色合い」のスライダーを調整することで花の色が変化しています。

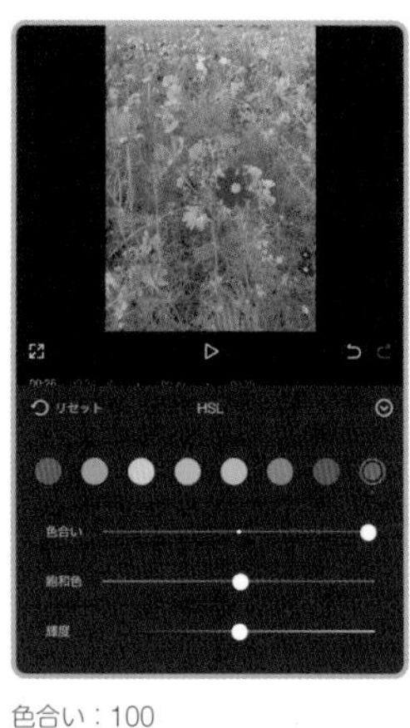

色合い：100
飽和色：0
輝度：0

「ハイライト」

スライダーを右にドラッグすると明るい部分をより明るく、左にドラッグすると明るい部分を暗くできます。明るすぎて白飛びしそうな時におすすめです。

ハイライト：-50

ハイライト：50

「シャドウ」

スライダーを右にドラッグすると暗い部分（影の部分）を明るく、左にドラッグすると暗い部分（影の部分）をより暗くできます。

シャドウ：-50

シャドウ：50

◎「色温度」

スライダーを右にドラッグすると黄みがかった温かな画に、左にドラッグすると青みがかった冷たい画または透明感のある画になります。

色温度：-50

色温度：50

◎「色合い」

スライダーを右にドラッグするとマゼンタ（ピンク）が強い画に、左にドラッグすると緑が強い画になります。

色合い：-50

色合い：50

Chapter 2 動画制作の始め方

Check その他の「調整」項目

ここで紹介した以外にも、「調整」には色味を調整する応用機能が2つ、質感を調整する機能が4つ備わっています。
「グラフ」と「カラーホイール」は、色味をより細かく調整できる応用機能です。「カラーホイール」はパソコン版のCapCut専用になっているため、iPhoneやAndroidスマホでは利用できません。
「鮮明化」「フェード」「周辺減光」「粒子」は、質感を変更する機能です。「鮮明化」は、ぼやけた画をくっきりとさせ、シャープな印象にできます。「フェード」を使うともやがかかったような、古く色褪せて柔らかな質感にできるので、「鮮明化」と組み合わせてブロックノイズ（四角いモザイクのような乱れ）の低減策としても活用できます。「周辺減光」は画の四隅を黒くしたり白くしたりして、被写体を目立たせられます。そして、「粒子」を使うと画全体にザラザラとしたノイズを入れることができます。

動画のつなぎ目や動画にエフェクトを入れよう

動画クリップ同士のつなぎ目に挿入し、映像の切り替えの際に使うエフェクトを「トランジション」と言います。「CapCut」では、動画にエフェクトやアニメーションを追加できますが、多用するとまとまりがなくうるさくなってしまうので注意しましょう。

01 動画のつなぎ目にトランジションを入れる

◎ トランジションを入れる場所を選択します

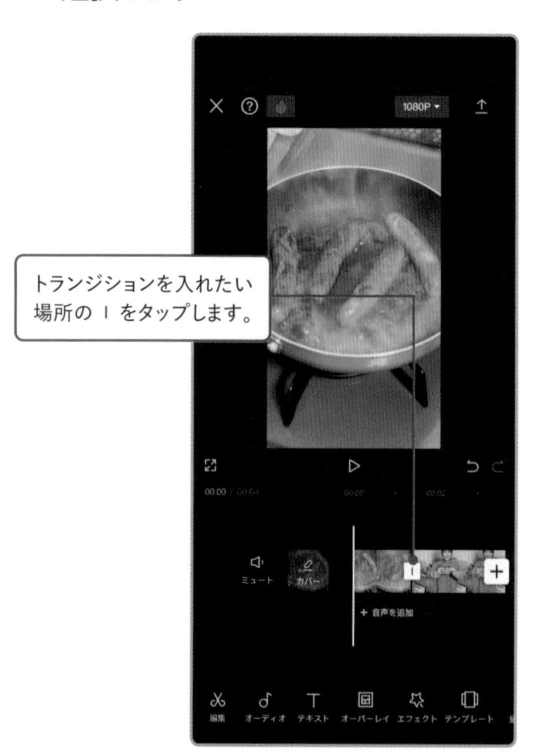

トランジションを入れたい場所の I をタップします。

◎ トランジションを選びます

トランジションの一覧が表示されるので、左右にスワイプして好みのトランジションをタップします。

◎ トランジションの秒数を設定します

◎ トランジションが挿入されます

02 動画にエフェクトを入れる

◎ 「エフェクト」をタップします

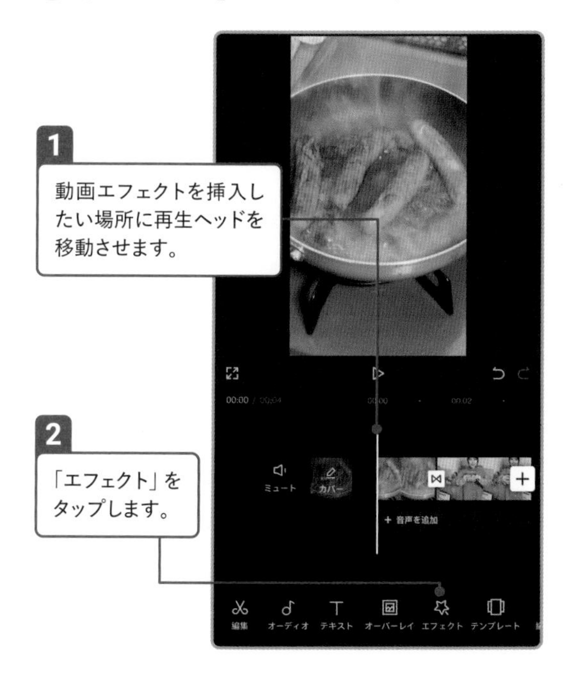

◎ 「動画エフェクト」をタップします

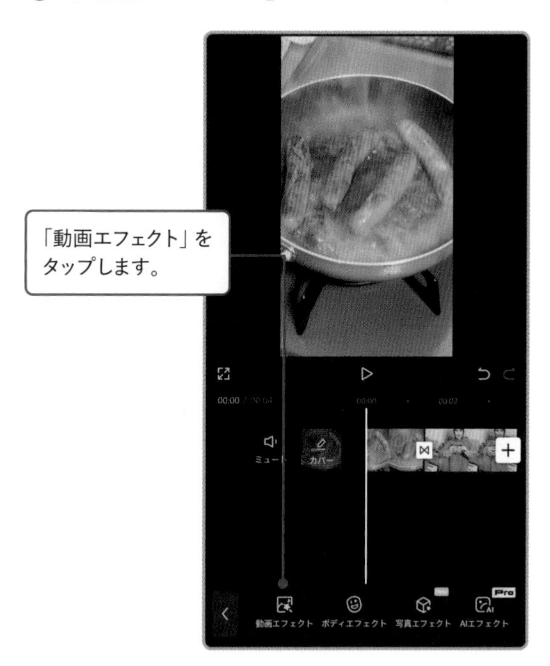

◎ 動画エフェクトを選択します

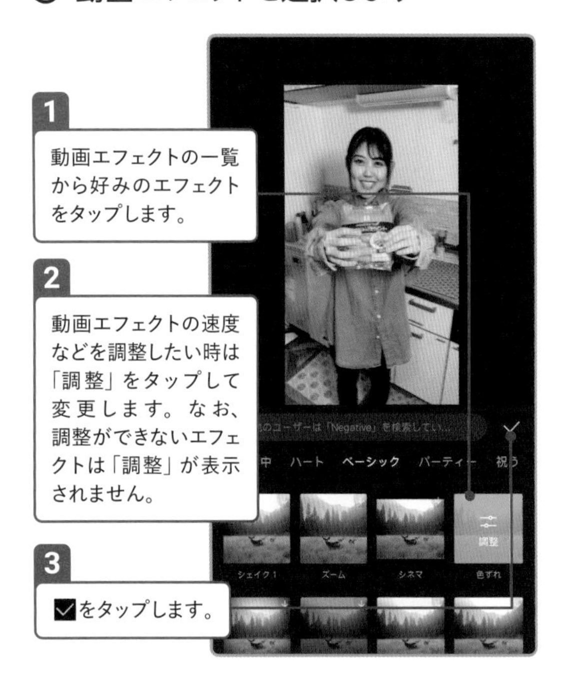

1 動画エフェクトの一覧から好みのエフェクトをタップします。

2 動画エフェクトの速度などを調整したい時は「調整」をタップして変更します。なお、調整ができないエフェクトは「調整」が表示されません。

3 ☑をタップします。

◎ エフェクトクリップを調整します

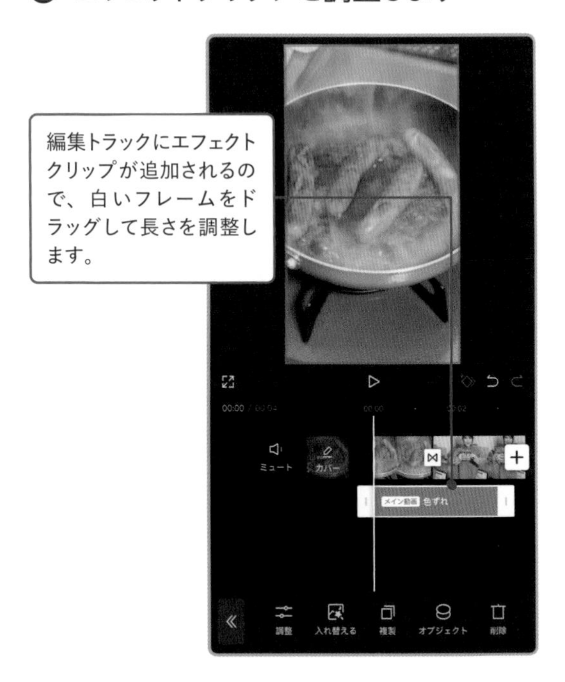

編集トラックにエフェクトクリップが追加されるので、白いフレームをドラッグして長さを調整します。

03 動画クリップにアニメーションを設定する

◎ 動画クリップを選択します

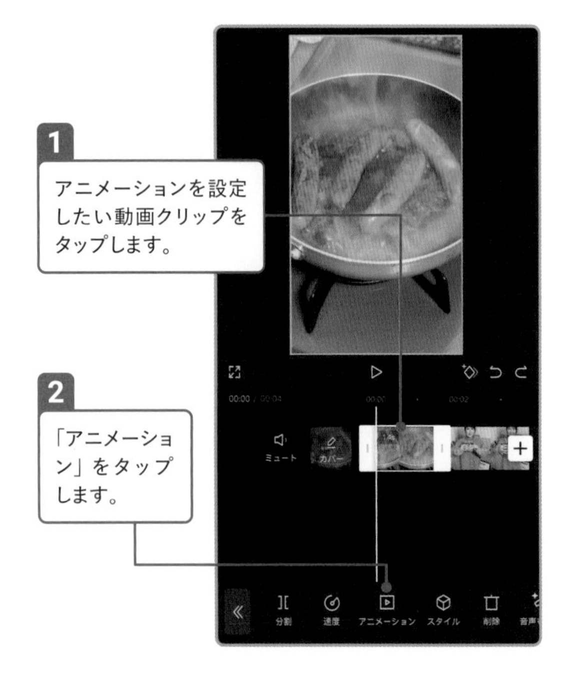

1 アニメーションを設定したい動画クリップをタップします。

2 「アニメーション」をタップします。

◎ アニメーションを適用します

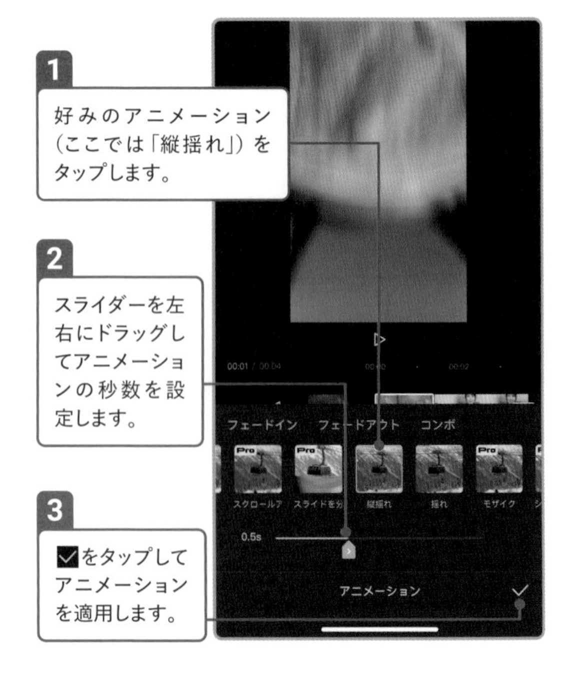

1 好みのアニメーション（ここでは「縦揺れ」）をタップします。

2 スライダーを左右にドラッグしてアニメーションの秒数を設定します。

3 ☑をタップしてアニメーションを適用します。

動画にナレーションを入れよう

動画に入れるテキストと連動して、解説やコメントをナレーションで入れてみましょう。作り手の声が入ることで、視聴者に親近感を持ってもらえたり、人柄や感情を伝えたりもできます。

ナレーションを入れる

「オーディオ」をタップします

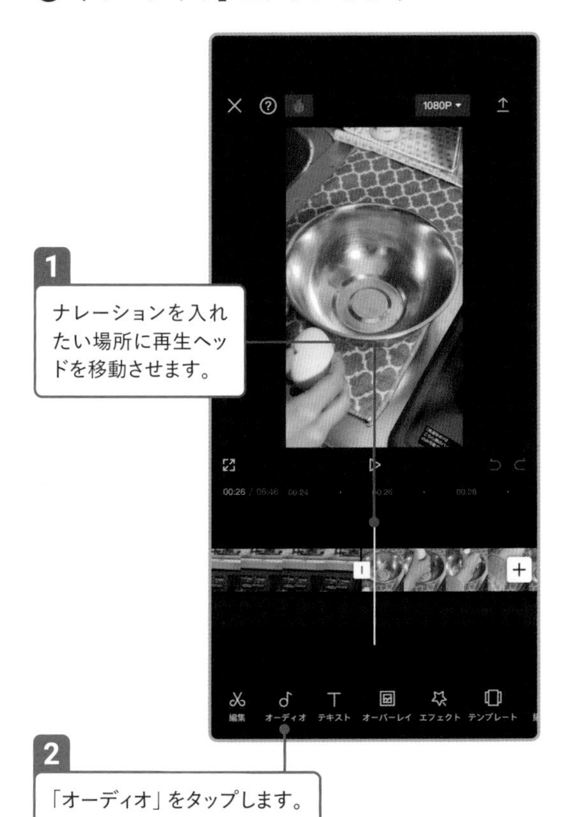

1 ナレーションを入れたい場所に再生ヘッドを移動させます。

2 「オーディオ」をタップします。

「アフレコ」をタップします

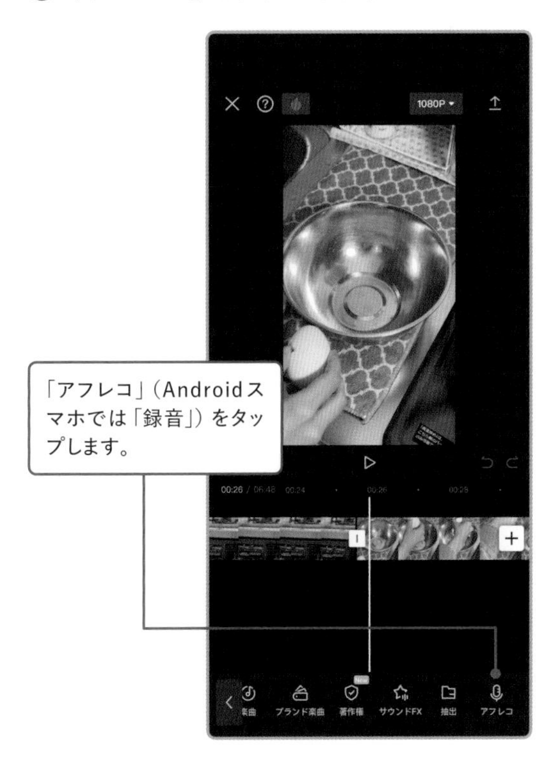

「アフレコ」（Androidスマホでは「録音」）をタップします。

録音ボタンをタップします

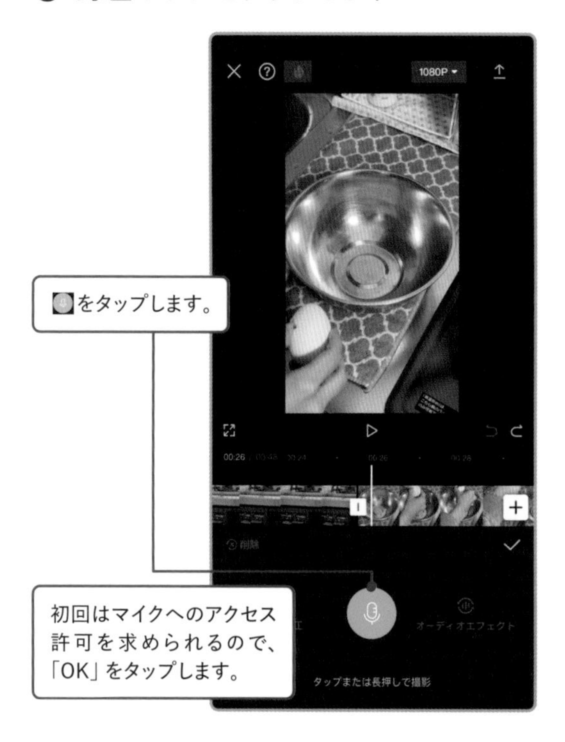

カウントダウンが始まります

設定画面を閉じます

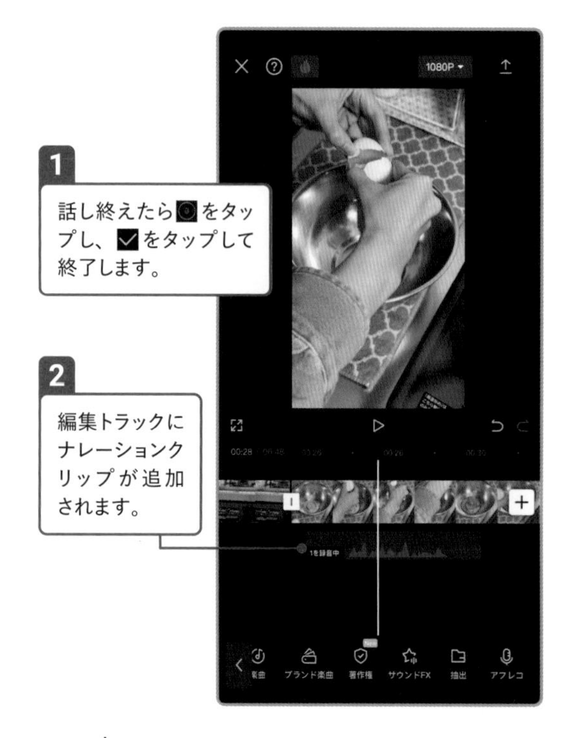

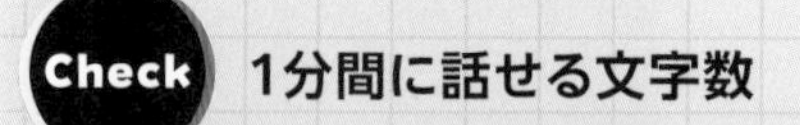

Check 1分間に話せる文字数

相手が聞き取りやすい、理解しやすい速さは1分間あたり300文字が目安と言われています。しかし、ショート動画では聞き取りやすさ以上に、テンポのよさや雰囲気に合ったナレーションが必要とされる場面があります。エンタメであればテンポよくテンションの高い声、Vlogであればゆっくりと落ち着いた声など、動画に合わせて調整してみましょう。Chapter 4では、クリエイターが実践しているテクニックを確認できます。

「テキスト読み上げ」機能を使ってみよう

動画のナレーションには、自分の声を使わずに、合成音声を利用しているものもあります。CapCutでは、挿入したテキスト（P.046参照）や自動キャプション（P.049参照）の文字を読み上げ、音声を入れられる「テキスト読み上げ」機能が搭載されています。

テキストを合成音声に読み上げてもらう

◎「テキスト読み上げ」をタップします

1 任意のテキストクリップまたは自動キャプションをタップします。

2 「テキスト読み上げ」をタップします。

◎ 全てのテキストを読み上げるよう設定します

1 「すべてに適用」または「すべての字幕に適用」をタップします。

2 動画を商用利用する可能性がある場合は もタップします。

声を選択します

読み上げアイコンが表示されます

オーディオトラックを確認します

Check テキスト入力を簡略化する

読み上げてもらうテキストを一つひとつ入力するのが大変な時は、「アフレコ」機能（P.071参照）で台本を読んでナレーション収録し、「自動キャプション」機能で文字起こしとテロップの挿入をするという方法も使えます。ナレーション収録した音声は、完成動画には必要ないので、ナレーションクリップごと削除するか、P.055を参考にして音量を「0」にします。

完成した動画を書き出そう

動画が完成したら、動画ファイルへの書き出しを行います。書き出しを行う前にまずは、「解像度」と「フレームレート」の設定が動画撮影時と同じになっているか確認しましょう（動画撮影時の解像度とフレームレートの設定はP.030参照）。

動画を書き出す

◎ 解像度とフレームレートの設定画面を表示します

◎ 解像度とフレームレートを設定します

Check HDRとは？

動画の明るさを現実の明るさに近づける技術を「HDR（ハイダイナミックレンジ）」と言います。HDR動画撮影された素材を書き出す場合、オフにすることで色の見え方が変わることがあります。なお、「スマートHDR」とは、iPhone XSシリーズ以降の機種に搭載されている、従来のHDRより高性能な明るさ調整技術です。

◎ 動画を書き出します

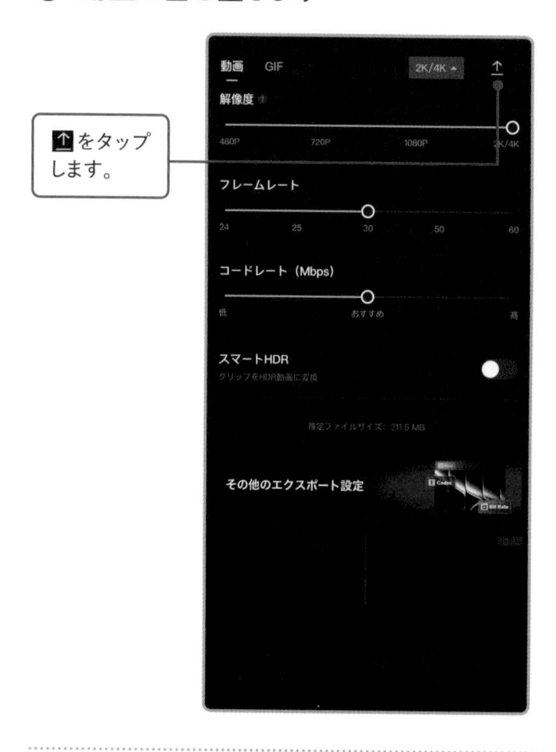

◎ スマホに動画を保存します

◎ 動画の書き出しが完了します

◎ 動画ファイルを確認します

Chapter 3

作った動画を投稿しよう

Chapter 3では、Chapter 2で作成したショート動画をTikTok、Instagramリール、YouTubeショートに投稿する手順を解説します。解説ではiPhone 15 Proを用いており、機種によって表示される各種許可画面の文言などが異なる場合があります。

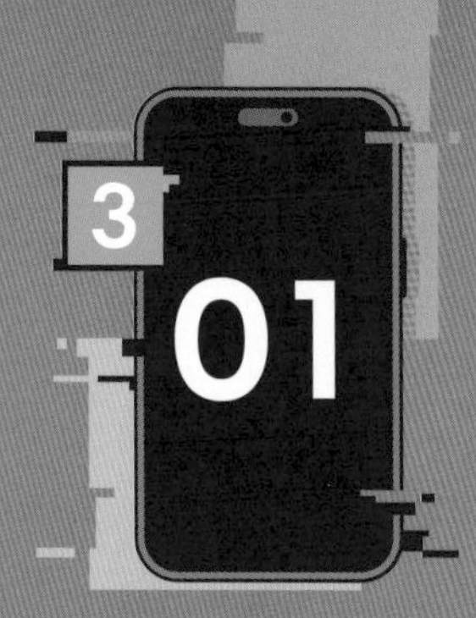

3 01 TikTokのアカウントを取得しよう

TikTokで動画を投稿するには、アカウントの取得が必要です。アカウントを取得すると、コメントの投稿やブックマーク、ダイレクトメッセージなどの機能も利用できるようになります。ここでは、電話番号を使用したアカウントの取得方法を紹介します。

TikTokのアカウントを取得する

「TikTok」アプリを起動します

1 アプリのインストール方法についてはP.035を参照してください。ホーム画面などから「TikTok」アプリをタップします。

2 利用規約とプライバシーポリシーを確認し、「同意して続ける」をタップします。

3 通知などの許可画面では「許可」または「許可しない」をタップします。

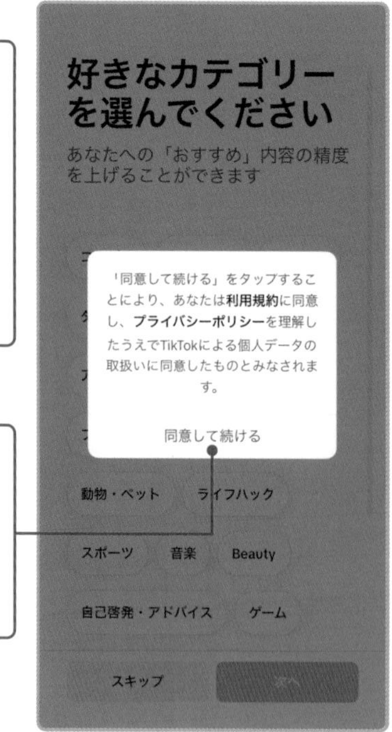

アカウントを取得します

1 パーソナライズのための質問が表示されるので、画面に従って答えます。

2 トラッキングの許可画面では「アプリにトラッキングしないように要求」または「許可」をタップします。

3 「プロフィール」をタップします。

登録方法を選択します

1. 「TikTokにログイン」画面で下部の「登録」をタップします。
2. 「TikTokに登録」画面が表示されます。「電話番号またはメールで登録」をタップします。

電話番号を入力します

1. 電話番号を入力します。
2. 「コードを送信」をタップします。

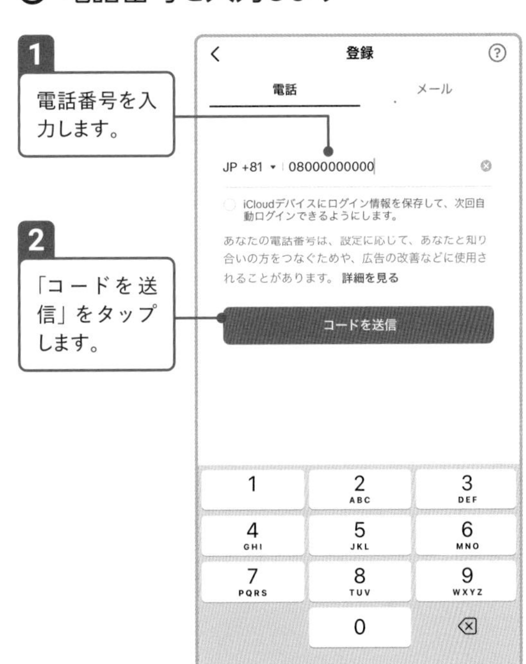

生年月日とパスワードを設定します

1. 生年月日を入力します。
2. 「次へ」をタップします。
3. 次の画面で「パスワード」を入力し、「次へ」をタップします。

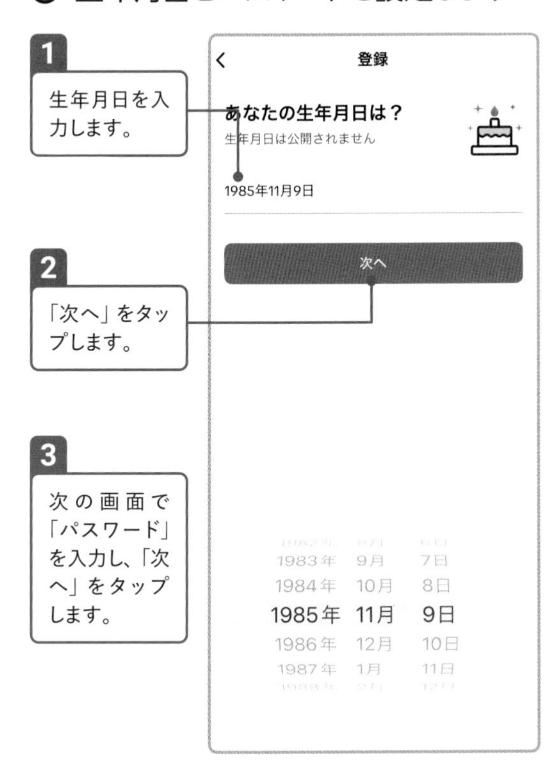

ニックネームを作成します

1. ニックネームを入力します。
2. 「確認」をタップします。

これでアカウントが取得されます。

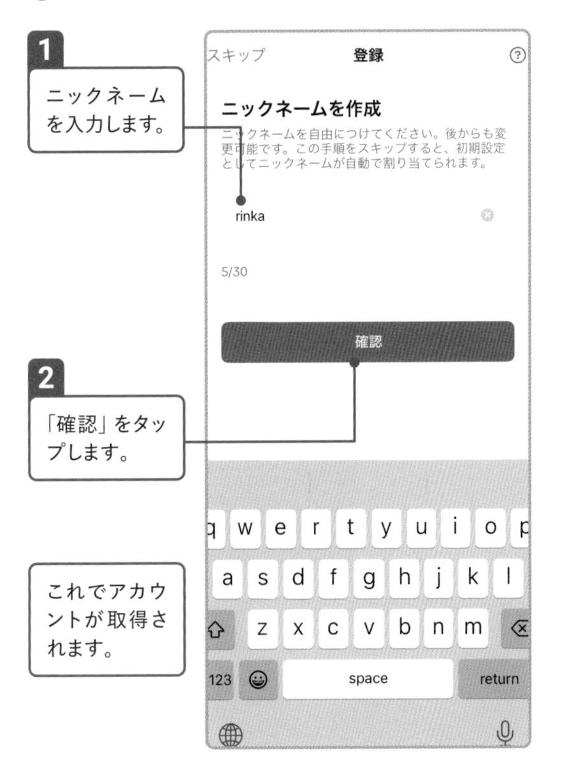

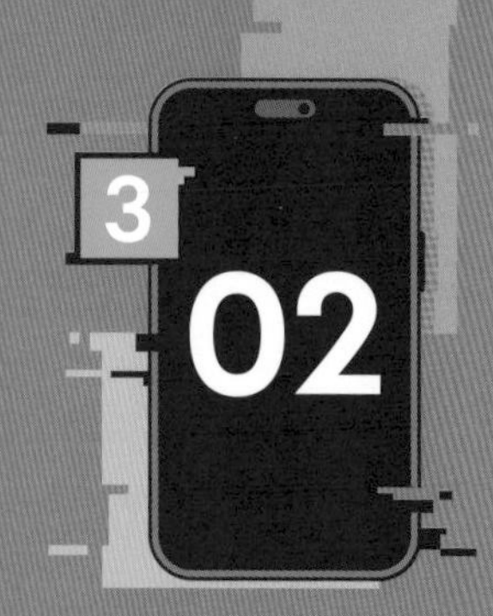

TikTokに動画を投稿しよう

スマホに保存されている動画をTikTokにアップロードする方法を紹介します。投稿可能な動画の尺は最長で10分までです。アプリ上で動画の簡単な編集や楽曲の再設定をすることも可能です。

01 TikTokにショート動画をアップロードする

動画の投稿画面を表示します

カメラとマイクへのアクセスを許可します

動画をアップロードします

1 「アップロード」をタップします。

2 アクセスの許可画面で「フルアクセスを許可」をタップします。

投稿する動画を選択します

1 「動画」をタップします。

2 投稿したい動画をタップします。

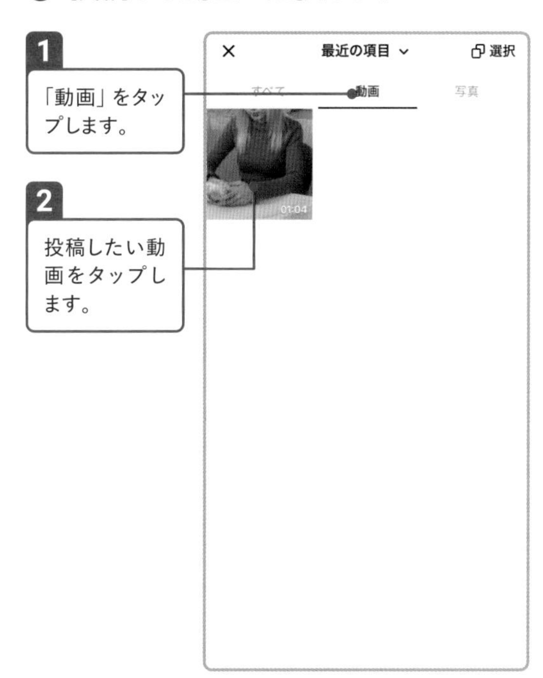

「次へ」をタップして「投稿」画面を表示します

「楽曲を選ぶ」をタップすると、楽曲を設定できます。

1 「次へ」をタップします。

2 「投稿」画面が表示されます。「投稿」画面ではタイトルやサムネイルなどを変更できます。

右側のメニューから、動画の長さの調整やテキスト、フィルターの追加などの簡単な編集ができます。

Check BGMの設定に注意

自分で作曲した楽曲や作曲してもらったオリジナル楽曲以外（Tiktokと提携している著作権管理団体（JASRAC、NexTone）が管理している楽曲）をBGMに利用している時は、ショート動画のアップロードの際に楽曲の登録が必要です。登録しないと、最悪の場合せっかく投稿したショート動画が削除されてしまうこともあります。TikTokで楽曲を再設定する方法は、P.147から詳しく解説しています。

02 カバー（サムネイル）を変更する

◎「カバーを選ぶ」をタップします

「カバーを選ぶ」をタップします。

◎ カバーにするシーンを選びます

1 選択されているシーンをドラッグしてカバーにするシーンを選びます。

2 タイトルなどを入れる場合は、好みのテキストをタップします。

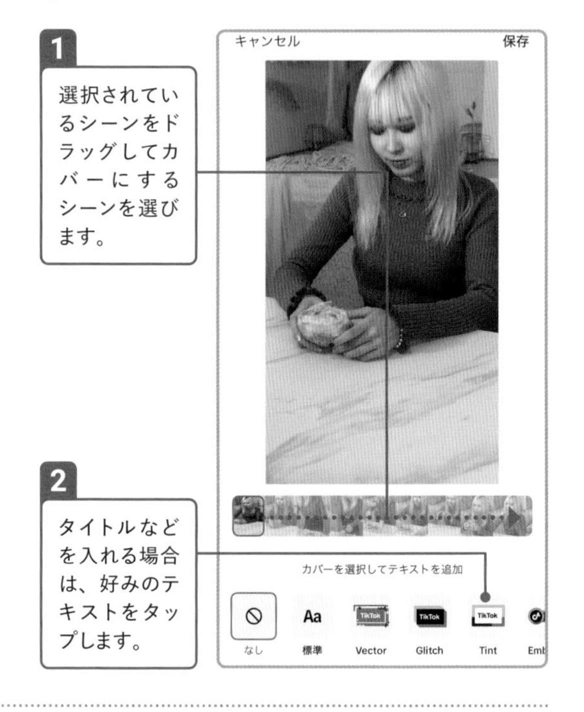

◎ 入力欄をタップします

「テキストを入力」をタップします。

◎ タイトルを入力します

1 キーボードでカバーに表示するタイトルを入力します。

2 「完了」をタップします。

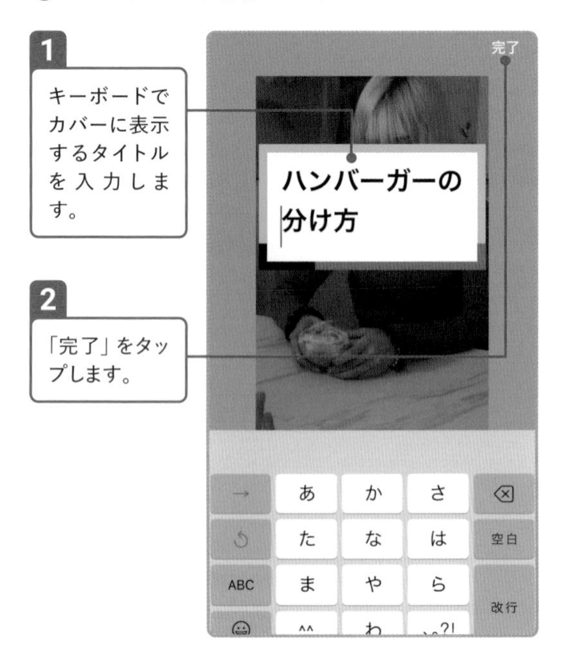

◎ カバーを保存します

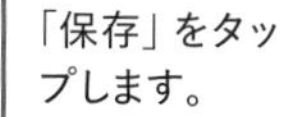

◎ カバーが反映されます

「投稿」画面に戻り、設定したカバーが反映されていることが確認できます。

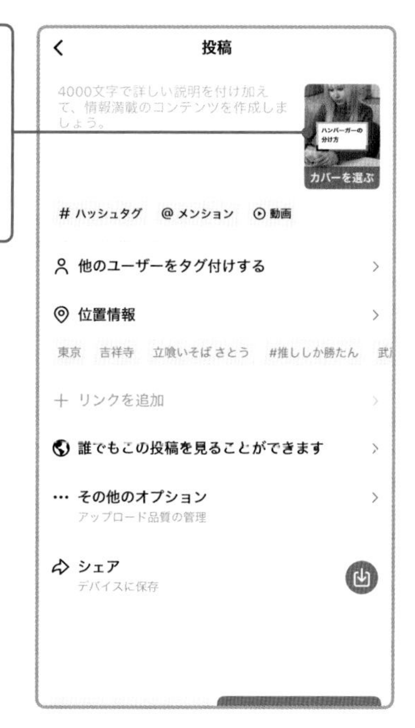

03 ショート動画を投稿する

◎ ショート動画の説明欄をタップします

説明欄をタップします。

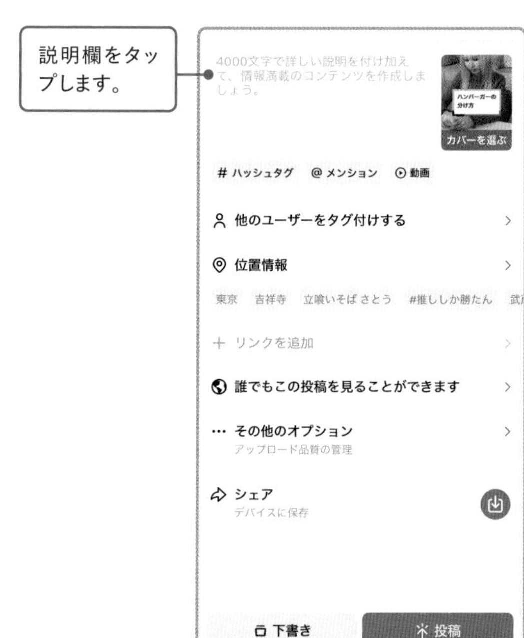

◎ ショート動画の説明を入力します

1 ショート動画のタイトルなどを入力します。

2 入力が完了したらグレーになっている部分をタップします。

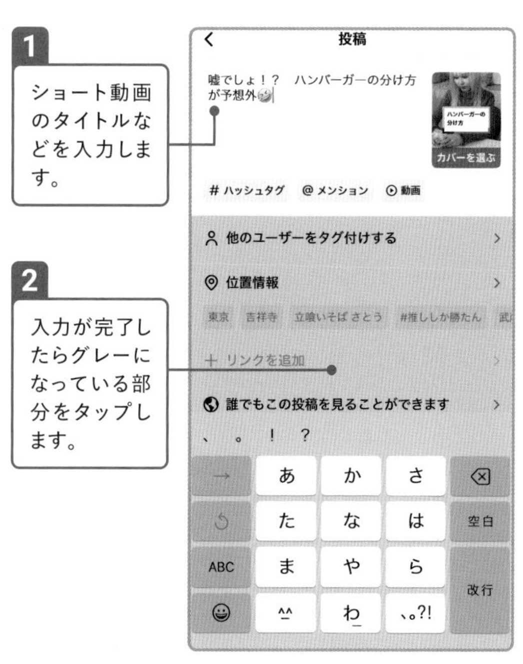

ショート動画を投稿します

「投稿」をタップします。

Check 下書き保存する

「投稿」の左にある「下書き」をタップすると、投稿を一時保留にすることができます。下書き保存しておけば、説明欄の入力やその他の設定を途中から再開することが可能です。下書きの編集や管理は、プロフィール画面などから行います。

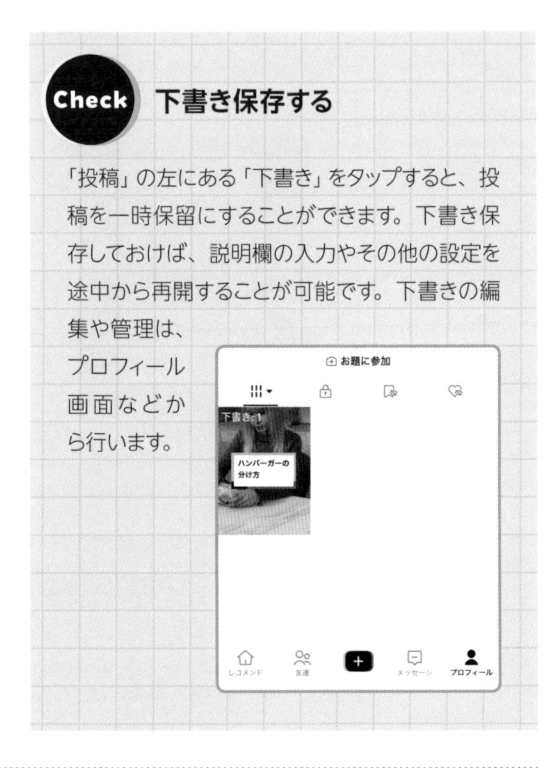

Check その他の設定項目

「投稿」画面では投稿するショート動画について、さまざまな設定が可能です。例えば、「誰でもこの投稿を見ることができます」をタップすると、あなたが投稿したショート動画を見られる人の範囲を設定したり、「その他のオプション」をタップしてコメント機能のオン/オフ、デュエット機能やリミックス機能（P.022参照）のオン/オフを変更したりできます。

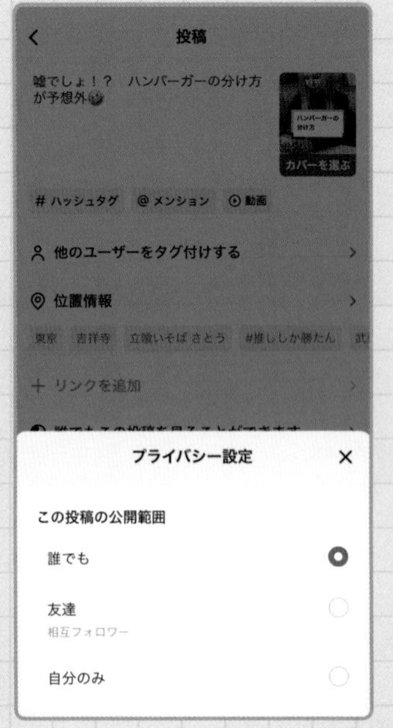

Instagramのアカウントを取得しよう

「Instagram」アプリを起動して、アカウントを取得します。名前、ユーザーネーム、プロフィール写真を登録するので用意しておきましょう。Instagramでは、アカウントの取得に、電話番号かメールアドレス、またはFacebookアカウントが必要です。

Instagramのアカウントを取得する

「Instagram」アプリを起動します

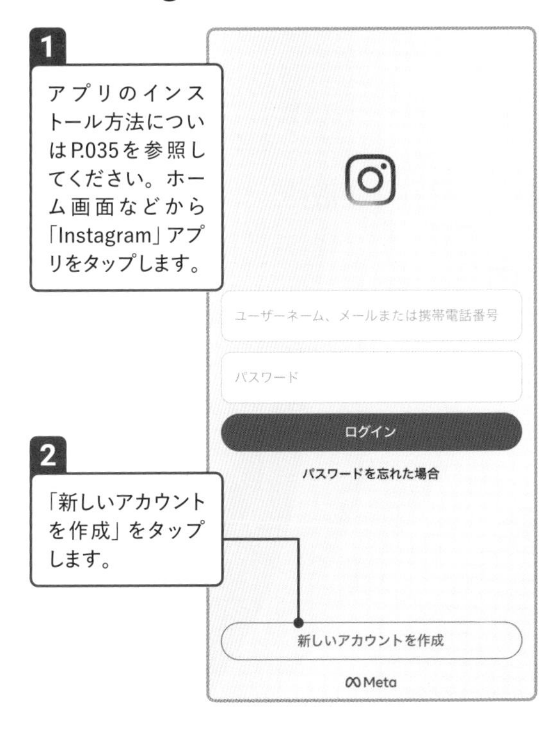

名前とパスワードを設定します

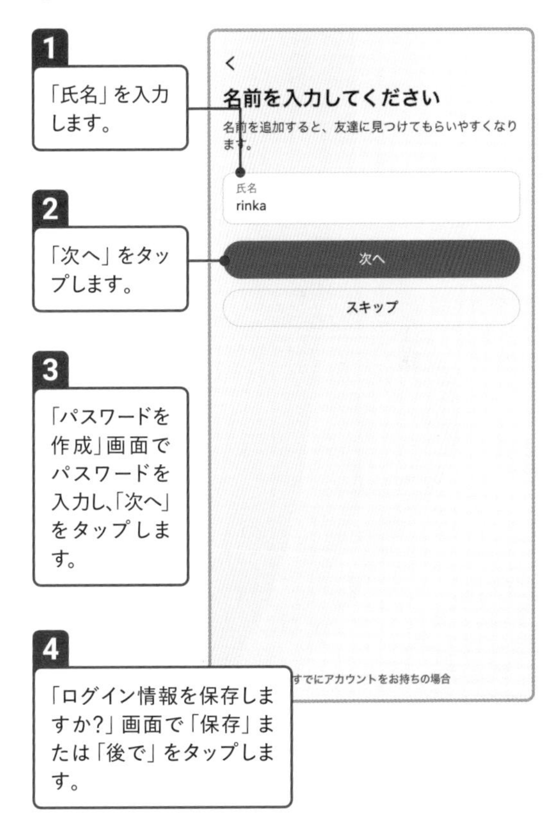

生年月日とユーザーネームを設定します

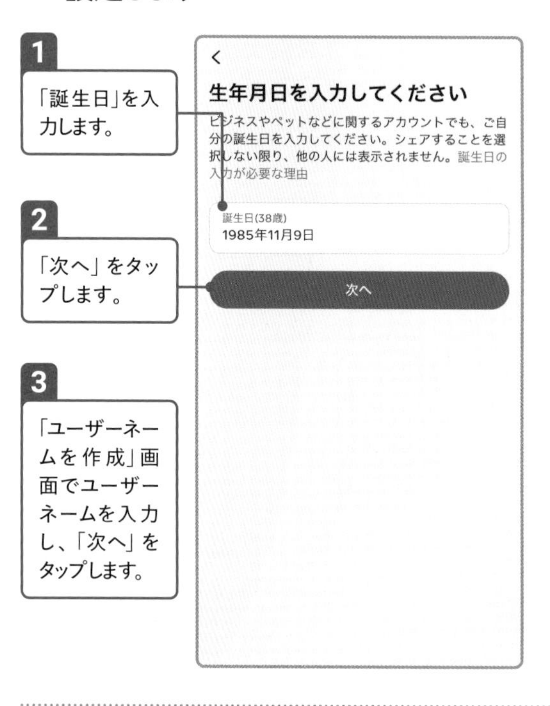

1 「誕生日」を入力します。

2 「次へ」をタップします。

3 「ユーザーネームを作成」画面でユーザーネームを入力し、「次へ」をタップします。

電話番号を入力します

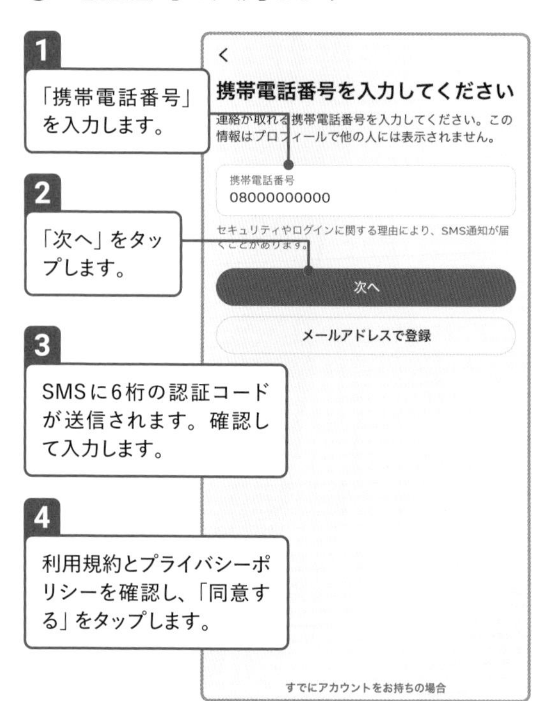

1 「携帯電話番号」を入力します。

2 「次へ」をタップします。

3 SMSに6桁の認証コードが送信されます。確認して入力します。

4 利用規約とプライバシーポリシーを確認し、「同意する」をタップします。

プロフィール写真を設定します

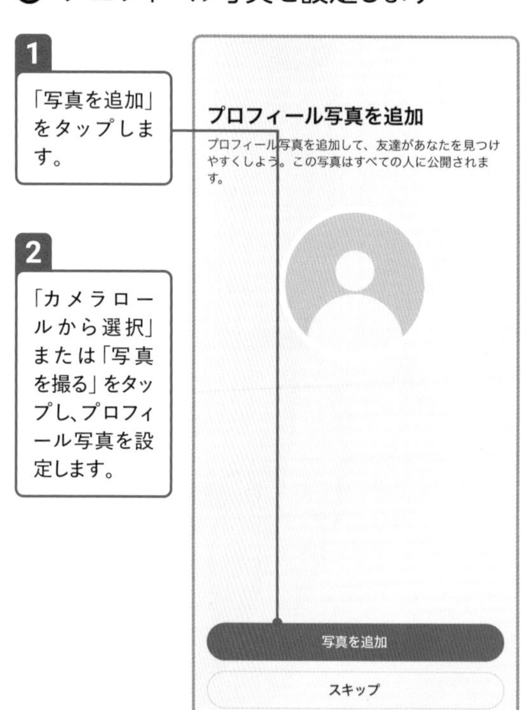

1 「写真を追加」をタップします。

2 「カメラロールから選択」または「写真を撮る」をタップし、プロフィール写真を設定します。

アカウントを取得します

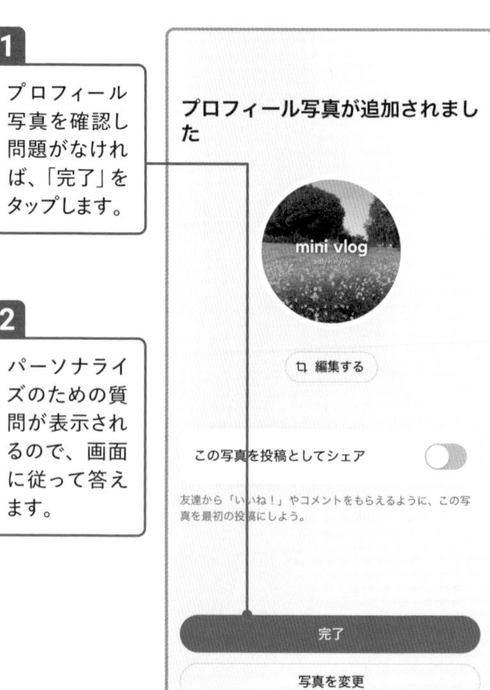

1 プロフィール写真を確認し問題がなければ、「完了」をタップします。

2 パーソナライズのための質問が表示されるので、画面に従って答えます。

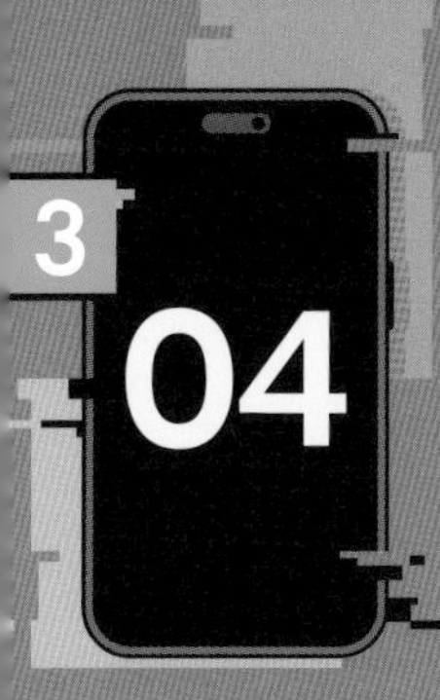

3 04 Instagramにリールを投稿しよう

Instagramのショート動画投稿機能「リール」を使って動画を投稿しましょう。Instagramではサムネイルを画像から設定することもできます。動画とは別にサムネイル用の画像を使いたい場合は、事前に準備しておきましょう。

01 リールにショート動画をアップロードする

◎ 投稿画面を表示します

ホーム画面で ⊞ をタップします。

◎ 写真ライブラリへのアクセスを許可します

1 「次へ」をタップします。

2 アクセスの許可画面で「フルアクセスを許可」をタップします。

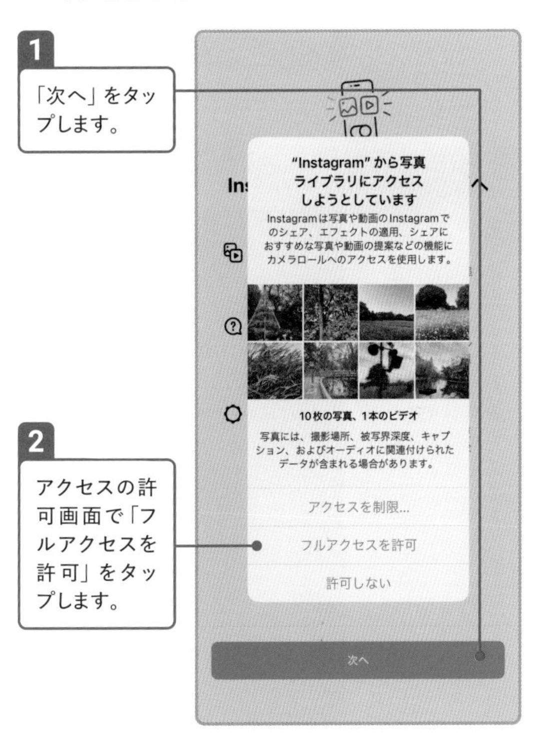

リール投稿画面を表示します

画面下部の「リール」をタップします。

動画を表示します

1 「最近」をタップします。

2 「動画」をタップします。

投稿する動画を選択します

1 投稿したい動画をタップします(機種によっては、動画をタップするだけで2つ先の画面に進みます)。

2 「次へ」をタップします。

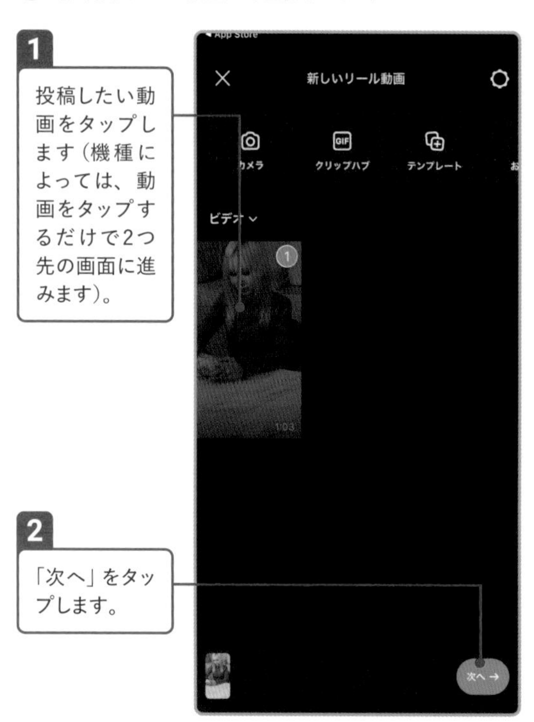

「次へ」をタップします

「次へ」をタップします。

スライダーで動画の長さを調整できます。

➡をタップします

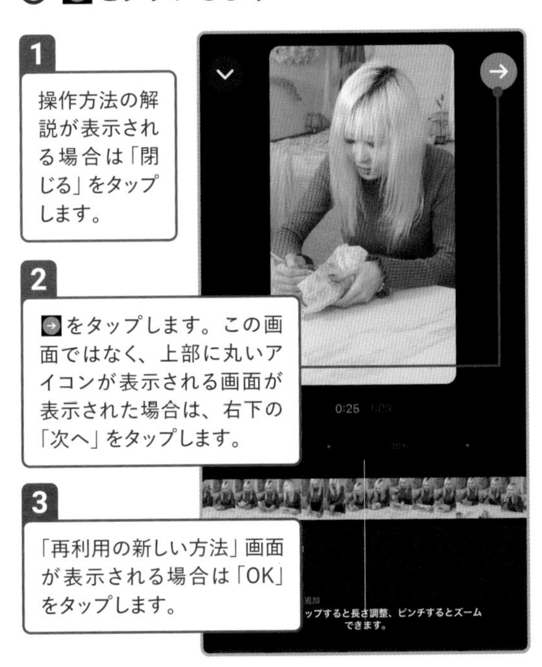

1 操作方法の解説が表示される場合は「閉じる」をタップします。

2 ➡をタップします。この画面ではなく、上部に丸いアイコンが表示される画面が表示された場合は、右下の「次へ」をタップします。

3 「再利用の新しい方法」画面が表示される場合は「OK」をタップします。

Check BGMの設定に注意

Instagramリールの場合も、自分で作曲した楽曲や作曲してもらったオリジナル楽曲以外をショート動画のBGMに利用している時は、ショート動画のアップロードの際に楽曲の登録が必要です。せっかくのショート動画が規約違反で削除されないように気をつけましょう。Instagramリールでアップロード時に楽曲を再設定する方法は、P.149から詳しく解説しています。

02 カバー（サムネイル）を編集する

「カバーを編集」をタップします

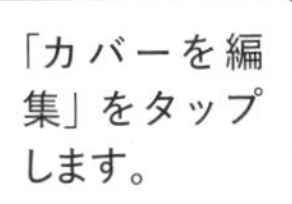

「カバーを編集」をタップします。

カバーにするシーンを選びます

1 選択されているシーンをドラッグしてカバーにするシーンを選びます。

2 「プロフィールグリッド」（Androidスマホの場合は画面上部の「プロフィール画像の切り取り」）をタップします。

プロフィール画面のカバーを設定します

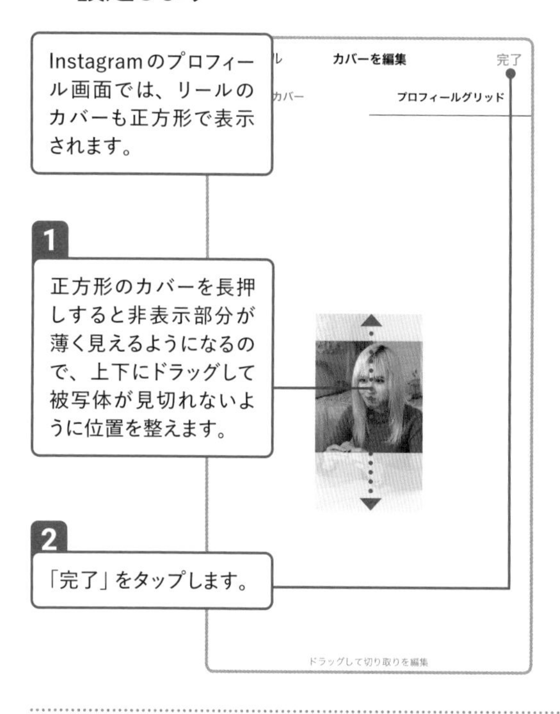

カバーが変更されます

Check カバーに画像を設定する

カバーに専用の画像を使いたい時は、「カバー」の編集画面で「カメラロールから追加」をタップして、カバー画像を選択します。

03 リールを投稿する

動画の説明欄にタイトルやハッシュタグを入力します

1 キャプションの入力欄（動画の説明欄）をタップします。

2 タイトルやハッシュタグを入力します。

3 「OK」をタップします。

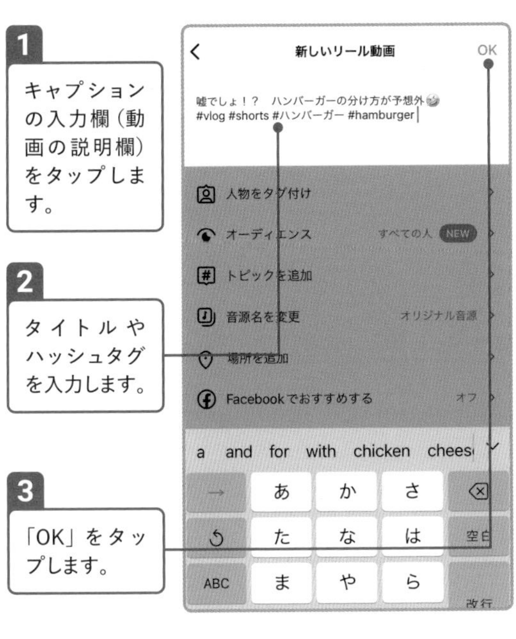

トピックを追加します

1 「トピックを追加」をタップします。

2 トピックを登録すると、そのジャンルに興味がある視聴者に見てもらいやすくなります。トピックを3つまで選択します。

3 「完了」をタップします。

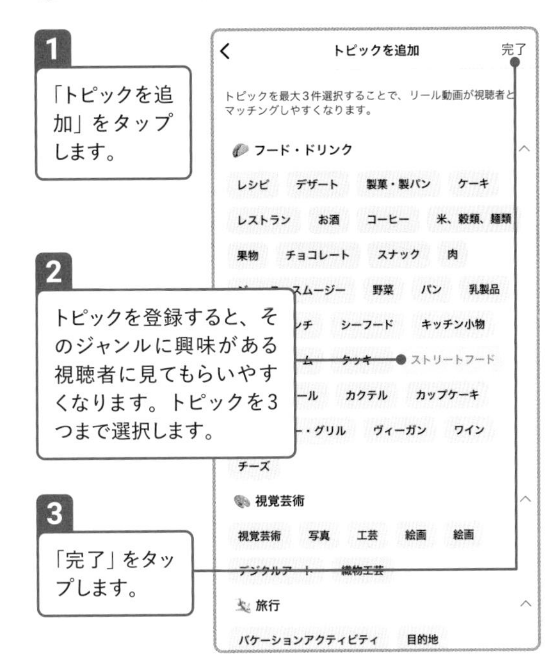

「次へ」をタップします

「次へ」をタップします。「シェア」と表示されている場合は次の画面が表示されず、そのまま投稿されます。

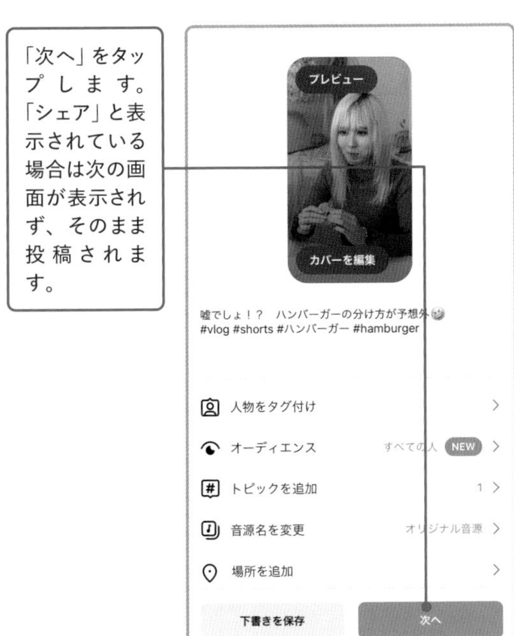

リールを投稿します

「シェア」をタップすると、リールが投稿されます。

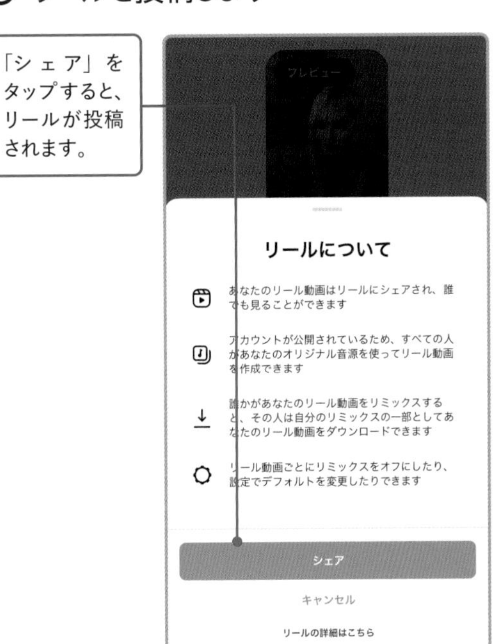

05 YouTubeのアカウントを取得しよう

YouTubeに動画を投稿するには、Googleアカウントの取得とチャンネルの作成が必要です。Googleアカウントを既に持っている場合は、「ログイン」画面でGmailアドレスとパスワードを入力してログインしてください。

YouTubeのアカウントを取得する

「YouTube」アプリを起動します

1 アプリのインストール方法についてはP.035を参照してください。ホーム画面などから「YouTube」アプリをタップします。

2 通知等の許可画面では「許可」または「許可しない」をタップします。

3 「Googleアカウントでログイン」をタップします。

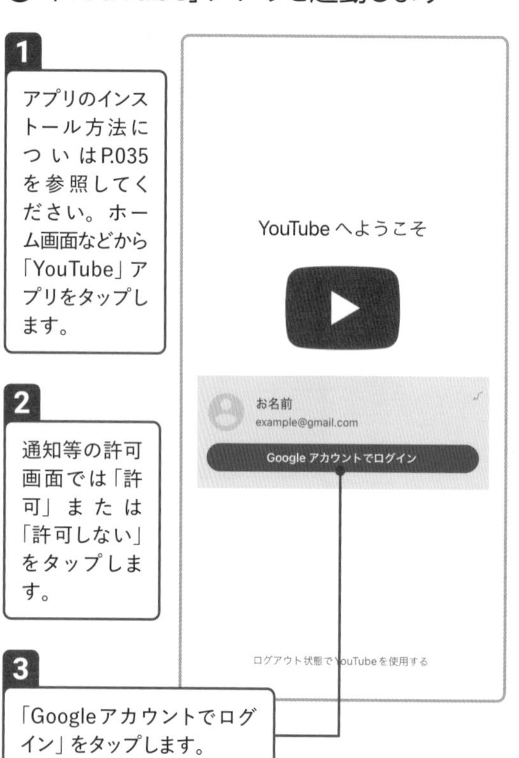

アカウントを作成します

1 サインインの確認画面では「続ける」をタップします。

2 「アカウントを作成」をタップします。

3 「個人で使用」をタップします。

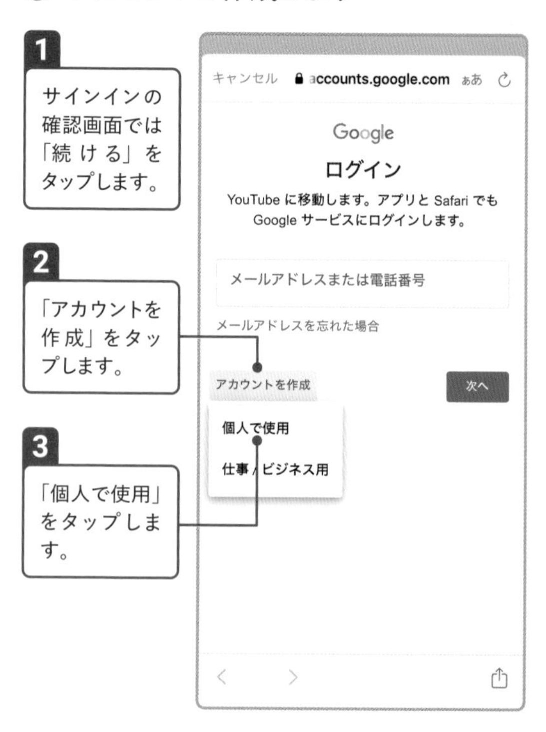

基本情報を入力します

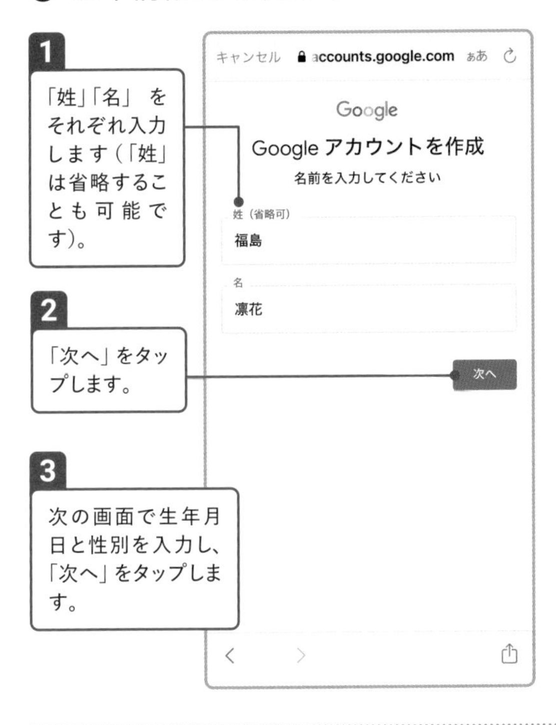

Gmailアドレスを選択します

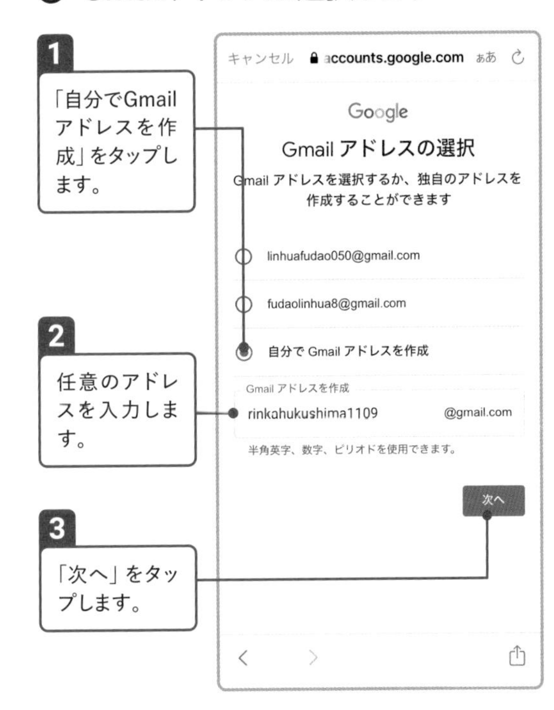

パスワードを作成します

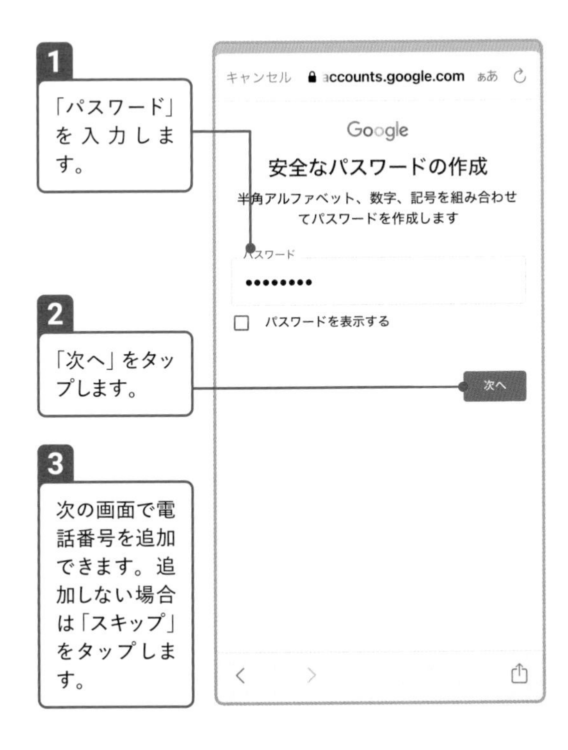

アカウント情報や利用規約を確認します

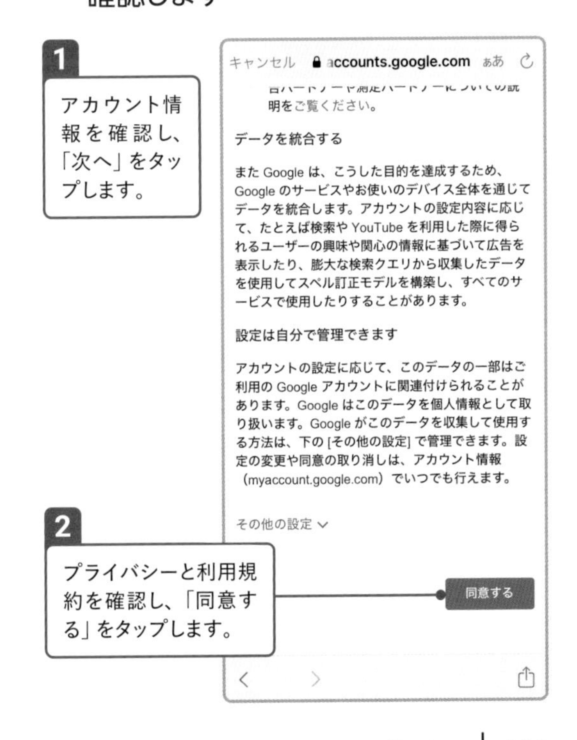

3 06 YouTubeのチャンネルを作成しよう

チャンネルとは自分だけの放送局のようなもので、動画やコメントの投稿、再生リストの作成ができるようになります。なお、チャンネルのプロフィール写真や名前、ハンドル（チャンネル固有のID）は後からでも変更が可能です。

YouTubeのチャンネルを作成する

アカウント画面を表示します

チャンネルの作成画面を表示します

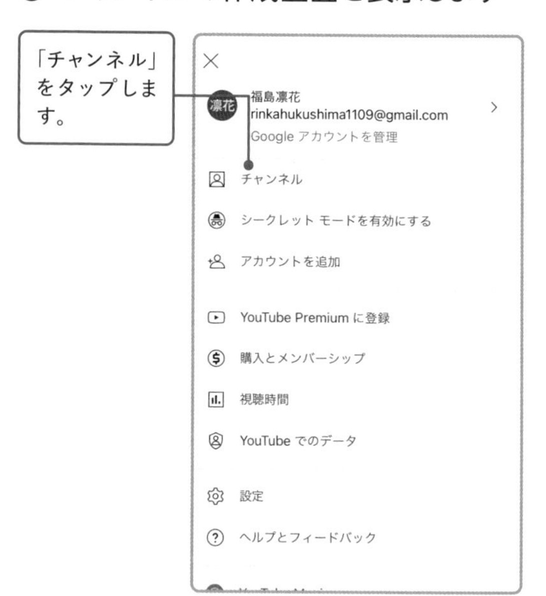

アイコンが右下にある場合の設定方法

既にチャンネルを作成している場合、「マイページ」のアイコンが画面右下に表示されることがあります。「マイページ」のアイコンをタップし、右上の設定ボタンから「アカウント」→「チャンネルを編集」でチャンネルの設定を変更できます。

◎ プロフィール写真を設定します

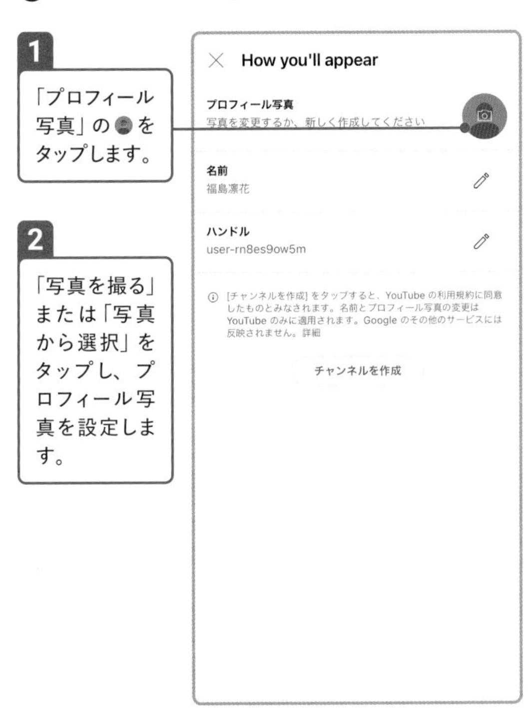

◎ 名前を設定します

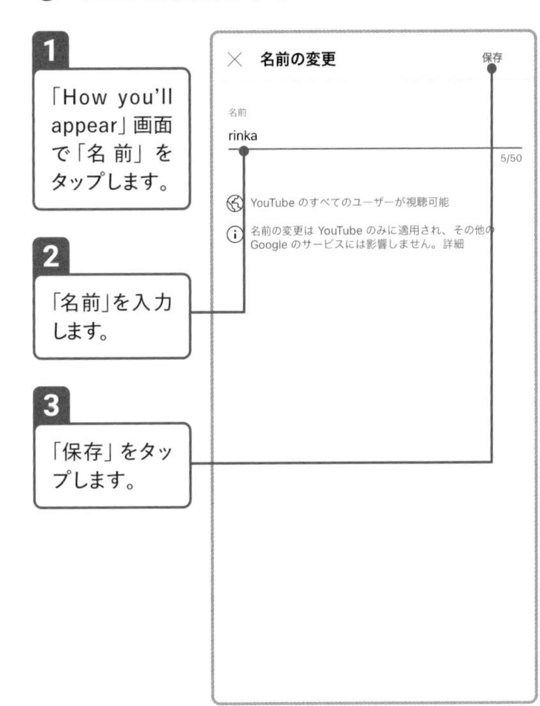

◎ ハンドルを編集します

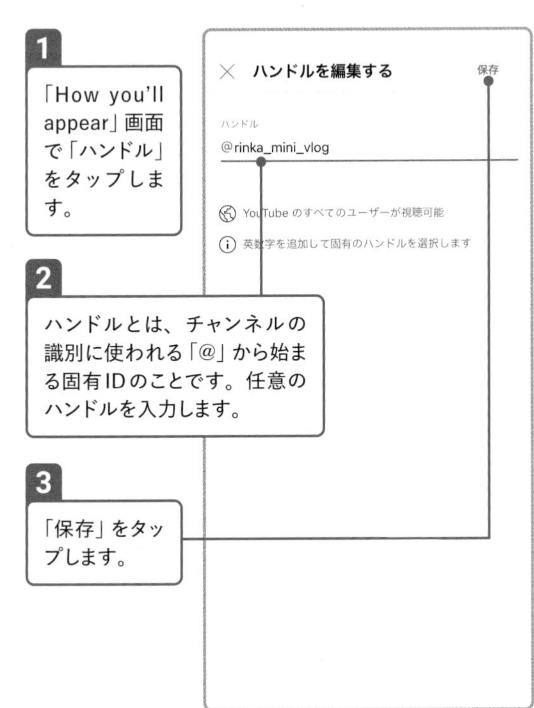

◎ チャンネルを作成します

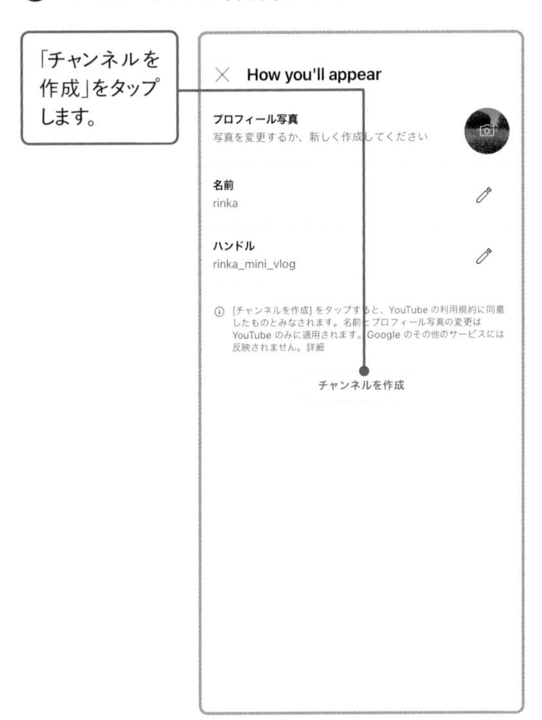

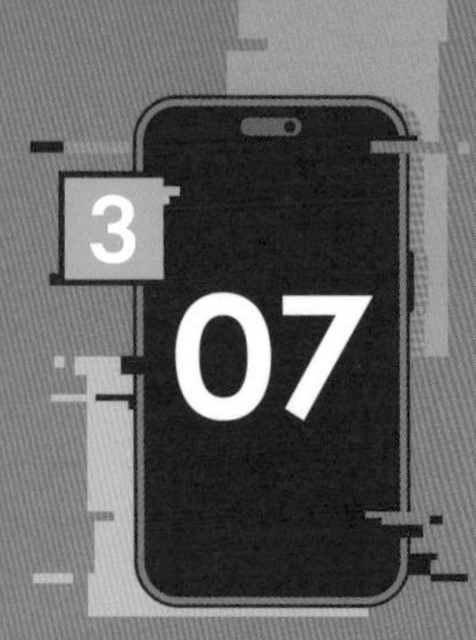

YouTubeショートに動画を投稿しよう

YouTubeショートにショート動画を投稿しましょう。「YouTube」アプリではその場でショート動画を撮影して投稿することもできますが、ここでは、スマホに保存されている動画を投稿する方法を紹介します。

01 YouTubeショートに動画を投稿する

◎ 動画の作成画面を表示します

ホーム画面で ⊕ をタップします。

◎ カメラとマイクのアクセスを許可します

1 「続行」をタップします。

2 アクセスの許可画面で「OK」をタップします。

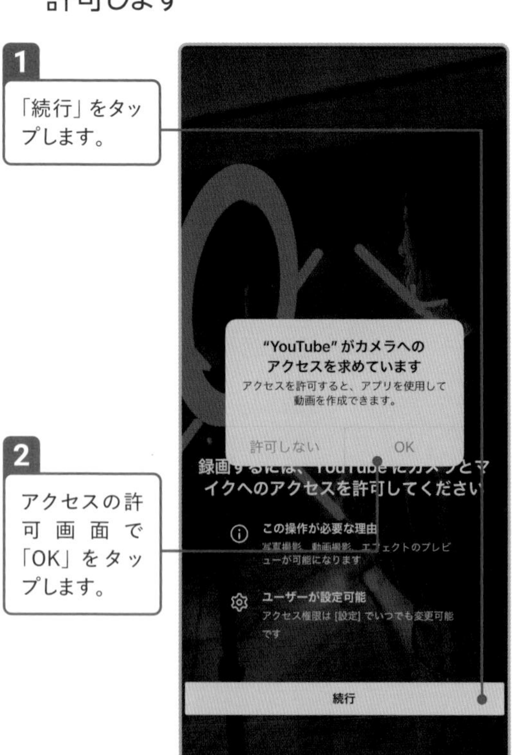

◎ 動画の投稿画面を表示します

「動画」(Androidスマホの場合は「動画をアップロード」)をタップします。

◎ 写真と動画へのアクセスを許可します

1 「続行」をタップします。

2 アクセスの許可画面で「フルアクセスを許可」をタップします。

Check ショート動画を撮影して投稿する

動画の投稿画面で「ショート」を選択し、◉をタップすると、ショート動画の撮影が開始されます。撮影中、画面の上部に赤色と灰色のバーが表示されますが、赤色は撮影時間を、灰色は残りの撮影可能時間を表しています。バーを確認しながら撮影を行いましょう。
撮影を終えたら、動画の投稿と同じように、サウンドやテキスト、詳細(P.099参照)を追加して「ショート動画をアップロード」をタップします。

◎ 投稿したい動画を選択します

投稿したい動画をタップして選択します。

◎「次へ」をタップします

「次へ」をタップします。

スライダーで動画の長さを調整できます。

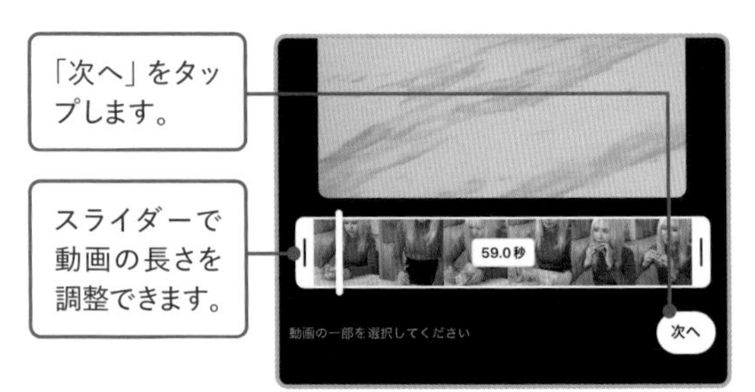

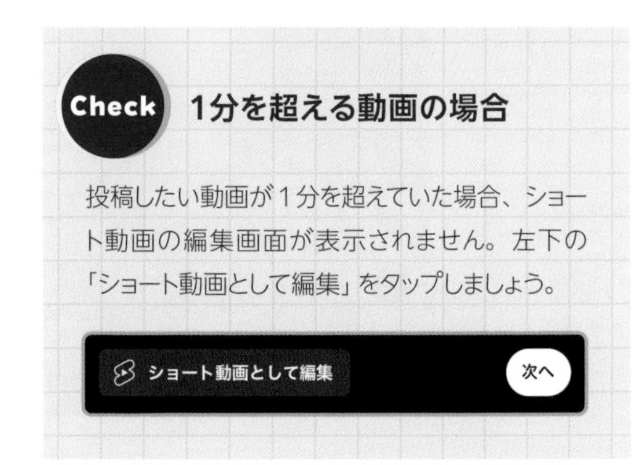

Check 1分を超える動画の場合

投稿したい動画が1分を超えていた場合、ショート動画の編集画面が表示されません。左下の「ショート動画として編集」をタップしましょう。

◎ もう一度「次へ」をタップします

「次へ」をタップします。

下部のメニューから、サウンド（楽曲）の設定やテキスト、フィルタの追加などの簡単な編集ができます。

Check BGMの設定に注意

BGMに自分で作曲した楽曲や作曲してもらったオリジナル楽曲以外を使っている時は、YouTubeでも利用した楽曲の登録が必要です。最悪の場合せっかく投稿したショート動画が削除されてしまうこともあります。YouTubeでアップロード時にショート動画の楽曲を再設定する方法は、P.152から詳しく解説しています。

02 サムネイルを設定する

◎ サムネイルを設定します

◎ サムネイルにするシーンを選びます

03 詳細を追加してショート動画を投稿する

◎ タイトルを入力します

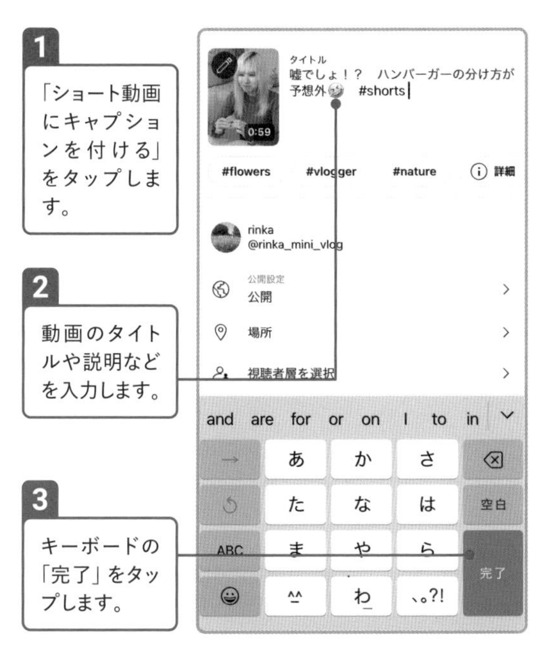

Check 「公開予約」機能

YouTubeには、指定日時にショート動画を自動的に公開できる「公開予約」機能があります。「公開設定」→「スケジュールを設定」から日付と時間の設定が可能です。YouTubeショートは学校や仕事が終わり、寝るまでの時間帯に視聴者が増えると言われており、その時間帯に予約すると、再生回数が増えやすいとされています。

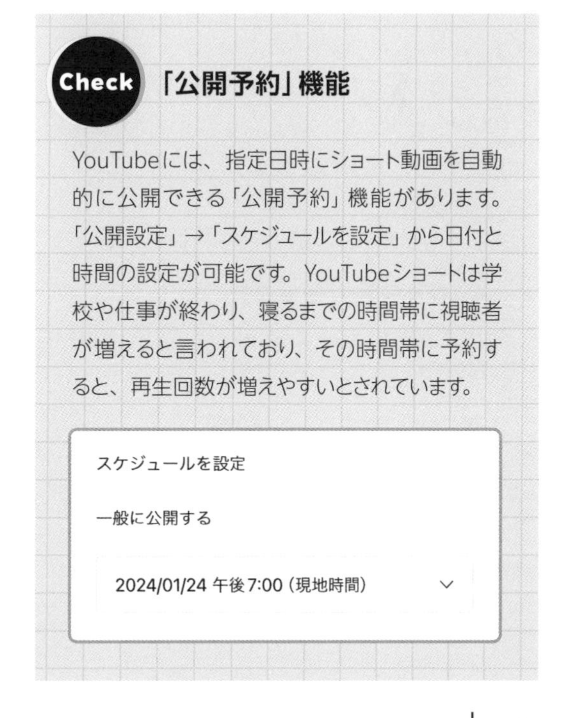

◎「視聴者層を選択」をタップします

「視聴者層を選択」をタップします。

◎ 視聴者層を選択します

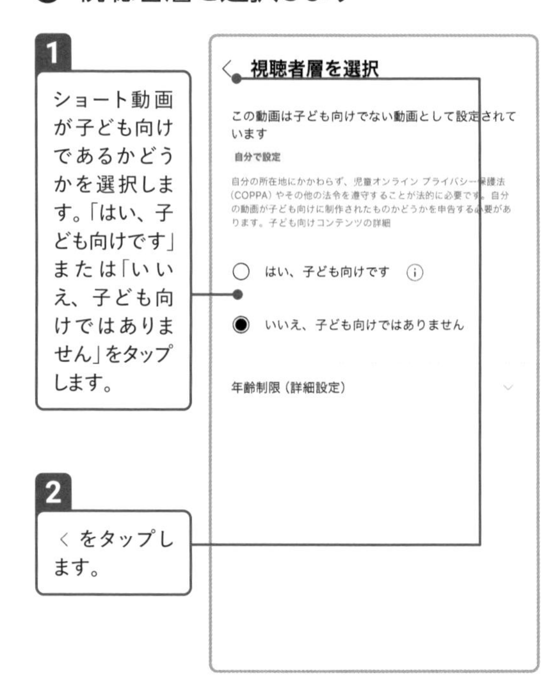

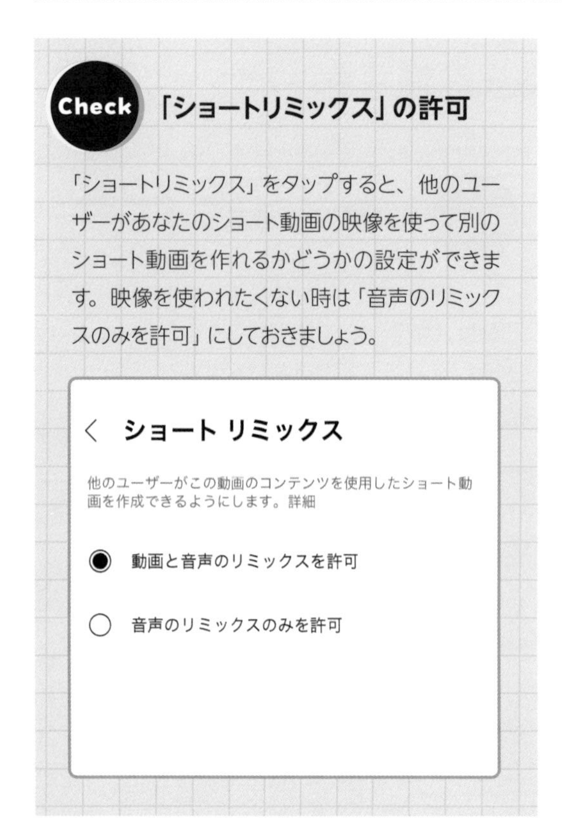

Check「ショートリミックス」の許可

「ショートリミックス」をタップすると、他のユーザーがあなたのショート動画の映像を使って別のショート動画を作れるかどうかの設定ができます。映像を使われたくない時は「音声のリミックスのみを許可」にしておきましょう。

◎ ショート動画をアップロードします

Chapter 4

人気インフルエンサーに学ぶ

ショート動画クリエイターとして活躍中のインフルエンサーの方々に、ネタ探しから撮影、編集、視聴者との関わり方まで、さまざまなこだわりを教えていただきました。インフルエンサーならではのテクニックもご紹介します。

夫婦の日常を切り取ったほんわかショート動画

あかびんたん

▶ プロフィール

夫婦で主に日常にフォーカスした動画作りをしています。日常のライフハック系や検証系、あとは海外の人でも楽しめるようなちょっとしたゲームなども取り入れて、特に妻のリアクション、反応的なところを活かして、多方面でみんながほんわかするような動画を作っています。動画の投稿を始めたのは2020年頃で、2022年の5月5日からTikTokのショート動画に参入しました。

01 ショート動画をきっかけにチャンネル登録者数が増加!

ショート動画制作を始めたきっかけは?

ネットなどでショート動画が話題になっていたので、これしかないなと思って、流行りに乗ったという感じです。動画投稿は2020年から始めたのですが、なかなかチャンネル登録者数が伸びなかったので、ショート動画にチャレンジしてみようかなと始めました。

投稿したショート動画の中で「一番バズった」と感じたものは?

「サイズミスのジップロックを購入した妻がとった行動…」というジップロックを切って分裂させる動画と、「ハンバーガーの分け方が天才すぎる妻www」というハンバーガーをコップで半分にする動画の2つが、1,000万回以上再生されて、登録者も大きく増えました。

←「サイズミスのジップロックを購入した妻がとった行動…」

包丁を炙る、謎めいたスタート！

なんとジップロックが2つに!! 大きなジップロックを小さくする便利ライフハックを紹介しました。

←「ハンバーガーの分け方が天才すぎる妻www」

ハンバーガーを半分にしようとしていますが…。

内側と外側に分けるという、予想外の形になりました…！

02 同じ画角は4秒以内で！ メリハリのある動画作り

ショート動画のネタ探しはどうしている?

SNSを使ってリサーチすることが多いです。基本的にショート動画を見るのですが、「TikTokだけ」などではなくて、InstagramのリールやYouTubeショートなど、ショート動画全般を見るようにしています。よく検証動画を参考にしており、「これ面白いな」と思ったら基本的に採用しています。例えば、海外の誰かがリンゴにスマホの充電器を刺していて「これ本当に充電できるの？」とみんなが思ってしまう、そのようなショート動画を参考にしていますね。その他には内容面以外でも、「この人のこういう仕草が面白い」とか、「リアクションが面白い」とか、そういう特徴も見つけたらメモして、参考にしています。

また、ネタの面白さを確かめるために、ネタを考えたら2〜3日寝かせるようにしています。動画の面白さの度合いは時間が経つと変わってくるような気がしていて、考えたネタを3日後に見ても面白いのかを吟味して、それでも面白かったらやってみる、という感じです。

台本の作成や構成で工夫している点は？

台本は作らないです。場合によっては、思い付いたフレーズを妻に言ってもらうよう指示することもありますが、基本的に何をやるのかという項目・工程だけを決めて、細かいフレーズなどはまったく作らない形を取っています。

構成としては、やはり妻のリアクション的なところが評価されているので、その部分を上手に引き出せるよう心がけています。台本感がないように作りたくて、リアクションで素の部分を引き出すことを意識しています。

ショート動画を撮影する時の工夫点は？

一番意識しているのは、同じ画角が4秒以上続かないようにすることです。例えば正面から撮ったり寄りで撮ったり、いろんな撮り方をするようにしていますね。ショート動画は同じ動作が続いていると視聴者が離脱しやすいので、そこを特に意識しています。撮影方法としては、僕がカメラを持って、1台のカメラでいろいろな場所から動きながら撮っています。退屈な時間をなるべく作らないようにすることを、撮影の時点からかなり心がけていますね。

出演者の動きは、最初は特に意識せずに撮っていたのですが、コメント欄とかを見ていくと「商品を出す時の仕草がよい」とか、「リアクションがよい」というコメントをすごくいただきます。たくさんコメントが付いたことを次の動画で取り入れると、さらに「このシチュエーションがよい」というコメントをもらえることもあります。コメント欄を見ると勉強になるので、コメント欄を見て動画を作ることは、結構意識しています。

ショート動画を編集する際の工夫点は？

撮影の時と重複してしまうところもあるのですが、4秒以上同じ画角を続けないことと、強弱をつける、緩急をつけることを意識しています。通常の画角と、引きにしたバージョン、アップにしたバージョンなどをうまく凹凸に組み合わせながら編集していますね。

例えば下の動画だと、「今日は何を作るん？」っていうところから始まって、すぐにアップになります。最初のカットは1秒もないですね。約4秒で画角は4つ切り替わっています。このシーンでは、編集ソフトの機能を使って、1つの動画をアップや引きの画角に編集しています。他に、自分が動いて、寄りのバージョンを撮ることもあります。

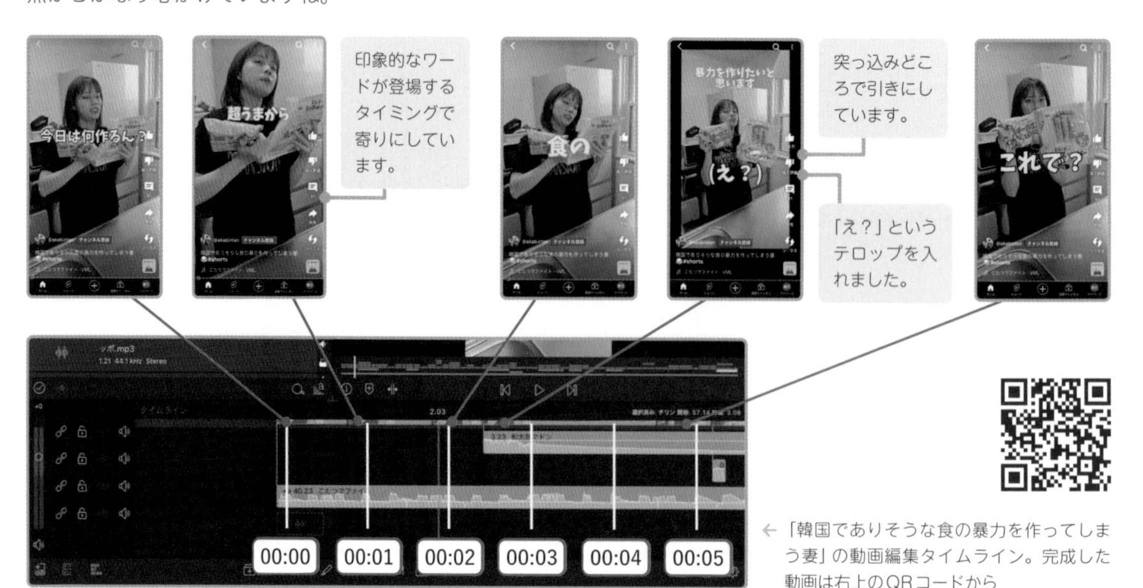

←「韓国でありそうな食の暴力を作ってしまう妻」の動画編集タイムライン。完成した動画は右上のQRコードから

再現Hint 編集で画角を変化させる

CapCutを使って、動画クリップの途中で寄りや引きに画角を変えたい時は、動画クリップを「分割」(P.044参照)し、「スケール」を変更します。

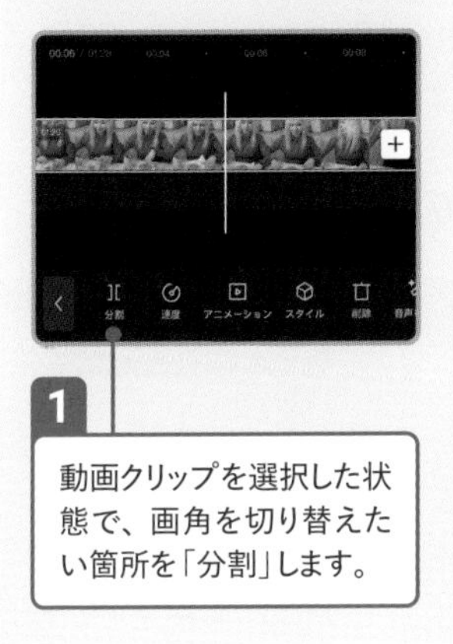

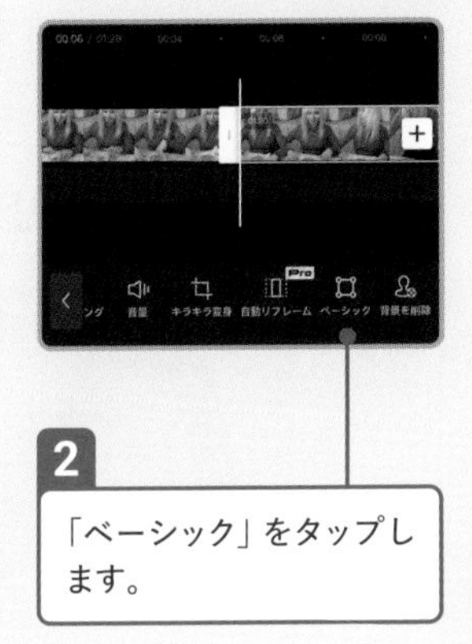

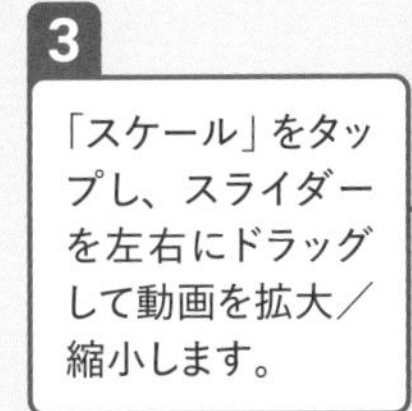

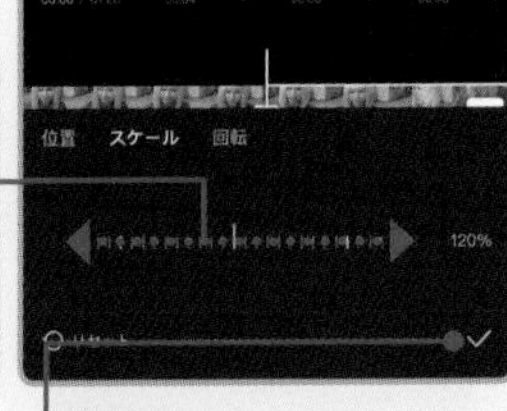

1 動画クリップを選択した状態で、画角を切り替えたい箇所を「分割」します。

2 「ベーシック」をタップします。

3 「スケール」をタップし、スライダーを左右にドラッグして動画を拡大／縮小します。

4 ✓をタップします。

5 同じ画角が4秒以上続かないように、これを適宜繰り返します。

BGMやSE(効果音)のポイントは、仕草に合わせてちょうどよい音を見つけて入れていくことですね。例えば、可愛い仕草があったら可愛い感じのBGMを合わせたり、何かを出す時に「ドーン」という、大きな銅鑼を鳴らすような効果音を入れたりとかです。

それから、ツッコミのシーンを1動画あたりだいたい3つほど入れようと考えています。オチとなる笑いどころは「チリーン」という効果音を入れる、というのがお決まりです。この「チリーン」はとても意識していて、1動画で3〜4回、多ければ5回とか使っていますね。だいたい10秒に1回は「チリーン」が鳴っている感じです。

テロップは、基本的に話す言葉全てにつけるようにしています。というのも、聞こえにくかったら嫌だなというところがあるからです。視聴者には動画1本を完結して見てほしいのですが、「ここのフレーズ聞こえなかったな」なんてことで見ごたえが欠けちゃったら嫌なので、聞き逃しがないようにということを意識しています。

カメラマンが移動して「引き」の画から「寄り」の画に画角が変わる例

← 正面の画角から斜めの画角に変化。また、主役も人物から食べ物(もの)になっている

「チリーン」が使われている例

チリーン

オチとなる笑いどころ(プチハプニングのリアクション)で「チリーン」という効果音を使っています。

あとは、テロップの見やすい位置というのがあるので、それも意識していますね。例えば、スマホだと画面の上部3分の1くらいがテロップの見やすい位置になります。何か商品などを映す場合は、中央より下に商品がきて、上の部分にテロップがくるように配置しています。ただし、人物の場合だとまた違ってきます。

このチャンネルでは、メインが妻なので、妻が画面の上の方に映るようにして、下にテロップを入れています。そのシーンで見せたいものによって、一つひとつのシーンで主役を変えながら、テロップの位置も変え、かつ、そのテロップを最適な見やすい位置に入れることを心がけています。

◎ 主役が「商品」の時のテロップ位置

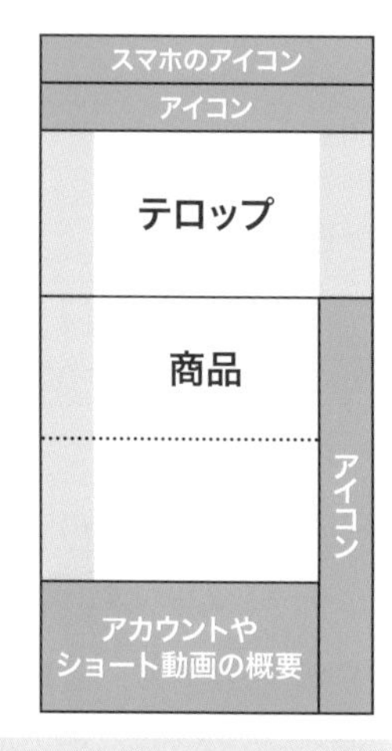

どのプラットフォームのアプリでもアイコンの場所はだいたい共通。多少はみ出しても大丈夫ですが、大事な要素は白いエリアに大部分がくるようにしましょう。

◎ 主役が「人物」の時のテロップ位置

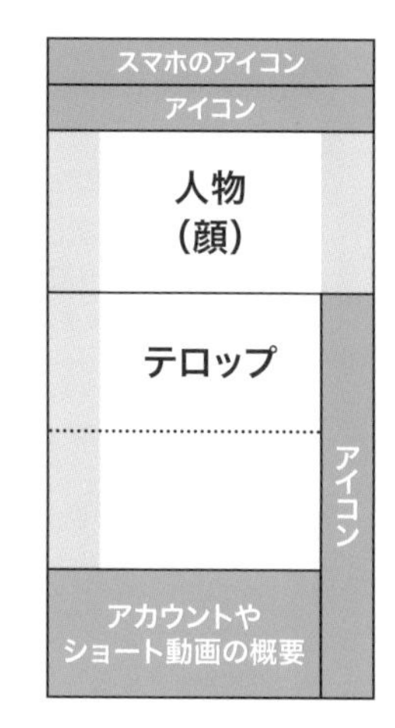

→「100均に画期的なアイテムが売っていたので…」

「タイトル」で工夫していることは？

結末の想像ができないタイトルを作るようにしています。例えば「まさかアボカドにこんな使い方があったのか」みたいな感じです。「どんな使い方？」ってなるような、結末を知りたくなるタイトルをつけて、最後まで見てもらえるように心がけています。

「サムネイル」で工夫していることは？

他のクリエイターさんとはちょっと違うかもしれませんが、衝撃的なシーンよりは、妻がよく映っているところを意識していますね。

サムネイル画像の設定ができるInstagramでは、文字をほぼ入れないようにしています。たくさん動画が並ぶ中で文字がバーっとあったら見づらいことがあるので、あくまで見やすいクリーンな状態で、妻の顔がよく映っているところを設定するようにしています。

サムネイルには文字が入っておらず、すっきりとしています。

← Instagramアカウントのリール画面

ショート動画と従来の横型動画で編集の仕方や心がけている点に違いはある?

大きな差別化はせず、ショート動画と横型動画で雰囲気を合わせることを心がけています。というのも、ショート動画を横型動画に流入してもらうための宣伝のような感じで使っているからです。ショート動画での妻のほんわかした雰囲気を、横型動画でも同じように感じてもらいたいので、ギャップが生まれないように心を配っています。

横型動画ではより素のところを見てほしいと思っているので、ショート動画のような編集面での細かい意識はしていません。ずっと同じ画角で続くカットもありますし、企画なども特にやらずに、素の部分が伝わるようなVlog系の動画を上げています。また、横型動画ではものすごくポピュラーなBGMを使うようにしています。YouTubeを見ている人なら誰もが知っているようなBGMを使って、初めて見た動画じゃないような雰囲気を醸し出すことで、親近感が湧くような作りにしています。

03 新規ファン獲得のために2〜3か月で新ジャンルへ!

ショート動画がバズったきっかけになったのはどんなことだった?

きっかけはTikTokで上げたアニメキャラクターの声真似でした。その当時『SPY × FAMILY』のアーニャが流行っていて、動画投稿を始めて2か月くらいで、その声真似を上げたショート動画が最初に伸びたかなと思います。「リアクションがアーニャに似ている」というコメントがたくさんあり、そこを狙って出したらバズったという流れでした。

フォロワーが増えたきっかけはあった?

「同じことをやり続けた」というところだと思います。最初にアーニャの声真似が流行った時は、そっち方面で2、3か月間同じネタを続けました。そうすると、アニメが好きな人がどんどんファンになってくれたのを感じました。

ただ、ネタには鮮度があると思うので、どこかのタイミングでまたちょっと違った路線に行くようにしています。同じネタを追いかけ続けるのは2、3か月くらいで、1つのジャンルをずっとやり続けるということは、僕らはしていないですね。

再生回数を伸ばすためにしていることは?

「初めて見たという驚き」を心がけています。「何が起きるかわからない状態で動画を見ていると、結果的に見たことないものが出来上がった」っていう構図が視聴者の興味を引いて面白いと思うんです。視聴者に「初めて見た」という感覚を持ってもらえるように、日々参考用の動画を見たり、100均でアイテムを見ながら使い方を考えたりして、誰も思いつかないようなことをショート動画でやろうと意識しています。その甲斐あってコメント欄でも、「初めて見た」とか「面白い」とか「私もマネしてみよう」などの反響をいただけています。

投稿プラットフォームの使い分けはしている?

最近は、YouTubeショートを日本向け、TikTokを海外向けに寄せていこうと思っています。編集の仕方も若干変えていて、例えばテロップは、前述のようにYouTubeショートは話した言葉全てに対して入っているのですが、TikTokの場合は、iPhoneなどにデフォルトで備わっている驚き顔やビックリマークのような、誰が見てもわかる絵文字を使っています。

撮影機材/編集アプリ

撮影　　　　　　：iPad Pro、ニコン Z 30（ミラーレスカメラ）
その他の撮影機材：マイク（DEITY V-Mic D4 Duo）、三脚（基本は手持ち）
編集　　　　　　：LumaFusion（iPad Pro）
最初はスマホを使っていましたが、スマホは画面サイズの小ささがネックでした。パソコンは編集までのハードルが高くなる感覚があったため、タッチ操作ができるiPadに落ち着きました。

視聴者との関わり方について心がけていることは？

全部のコメントに返信することは時間的にできないので、動画内で積極的に触れるようにしています。例えば「コメント欄でこういうリクエストをいただいたので、今回はこれを検証していきたいと思います」みたいな感じです。動画に実際に来たコメントを貼り付け、その動画内でレスポンスすることで、視聴者とつながっているイメージです。

また、前述のように動画の方向性などを考える時にも、コメント欄をよく読んで活用しています。

ショート動画を始めてから何か変化を感じた？

SNSをあんまり娯楽として見られなくなりました（笑）。見ていると「この人はここを意識しているんだな」というのがわかるので、常に研究に入っちゃうんです。ネタを探しちゃうというか…「この人のリアクションいいな」と思ったらメモしてとかで、あんまり楽しめなくなったというのはあるかもしれません。

また、ショート動画が伸び始めてから、横型動画も安定して10万回再生くらいされるようになったので、登録者の母数を増やせば自ずと再生数も伸びていくのだなということは感じますね。それは、先述のように、ショート動画と横型動画で雰囲気のギャップを発生させないことによって、達成できているのかなと思っています。

読者へのメッセージ

ショート動画は誰もが気軽に作れるし、誰もが持っているスマホで気軽に始められる、よいツールだと思います。やりたいと思っているならチャレンジした方がよいと思いますが、一方で、ある程度戦略を立てないと厳しいという風にも思っています。何でもかんでも撮って上げるのではなくて、自分なりに戦略を立ててやった方がよいと感じます。

あとは、たくさんショート動画を見まくってほしいです。自分は何のジャンルなら勝負できるのか、その選んだジャンルでずっと2か月3か月と本当に続けられる企画なのかを吟味して、頑張ってほしいと思います。

何気ない日常の景色をアニメチックに表現

Shota Ashida

▶ プロフィール

関東を拠点として、何気ない日常の風景をアニメチックに表現しています。アニメ映画『君の名は。』を初めて見た時に、その世界観の虜になり、そこから新海誠監督の世界観に惹かれました。それをきっかけとして、アニメという日本の文化と写真を組み合わせて、現実味を帯びながらもどこか非日常感溢れる世界観を写真や映像で表現しています。日本だけでなく、世界中の誰か1人でも多くの方に、コンテンツを通じて癒しや元気を届けたいという思いで発信しています。

01 TikTokでの流行をInstagramに取り入れました!

ショート動画制作を始めたきっかけは?

TikTokで、音楽のリズムに合わせて無色から色がつくというショート動画が当時流行っており、それをInstagramでやってみたらよいのではないかと思って、投稿し始めたのがきっかけです。

投稿したショート動画の中で「一番バズった」と感じたものは?

水たまりに映るリフレクションをひっくり返して、反転世界を見せた動画です。

Instagramリール投稿中の画面とショート動画のその後の動き

このショート動画の場合は、初めの約5秒でゆっくりとスマホがひっくり返され、反転後の風景が約6秒続きます。反転後も水面に波紋が広がる様子が映っており、映像に変化があります。

02 映像には2秒以内に変化を加えること!

ショート動画のネタ探しはどうしている?

ひたすらInstagramのリールや、TikTokの動画を見て自分の世界観に落とし込めるかを考えながらネタを探しています。

また、流行りの音源を聴きながら、これならどういった動画が当てはめられそうかをイメージしています。

台本の作成や構成で工夫している点は?

モデルさんを起用する制作であれば、香盤表(出演者と出演シーン、出演時間などをまとめて、表にしたもの)を作成しています。しかし、メインのアカウントではどちらかというと風景が主となってくるので、台本はほとんど作成しません。

動画の構成で気をつけているのは、見る人を飽きさせないように長くても15秒以内で収められるようにし、1〜2秒で何かしらの変化を必ず入れるようにすることです。また、音源のリズムに合わせてカットを切り替えたり色をつけたりしています。

ショート動画を撮影する時の工夫点は?

大きく4つあります。1つ目は画質をよくすることです。2つ目は手ブレをなるべくしないようにすることです。3つ目は何を見せようとしているのかがしっかり伝わるように、構図を考えることです。そして4つ目は流行りの手法を取り入れるようにすることです。例えば、今であればスマホを使ったトランジション(編集ではなく、撮影時にスマホをすばやく動かしたり、レンズを物で遮ったりして、カットのつなぎ目の映像を作る手法)を使っています。映像と映像のつなぎ目を意識することで、とにかく見ている人を飽きさせないようにしています。

水たまりリフレクションを撮影する際は、正位置の映像を1〜2秒映し、そこからひっくり返す過程を見せて、反転した後は3秒ほど見せるようにしています。リールなどのショート動画で見る人の集中力が持つのはだいたい2秒ほどと言われているので、それまでに映像に変化を加えるように意識しています。

ショート動画を編集する際の工夫点は？

色味編集に関してはLightroomを使います。自分で作成した、写真や動画をアニメチックな色味にできる写真用プリセットがあるので、それを映像に当てはめて細かい調整をしています。

Check 撮影機材/編集アプリ

撮影：iPhone 14 Pro、キヤノン EOS R5（フルサイズミラーレスカメラ）

編集：Lightroom、VN、DaVinci Resolve

CapCutで色味の編集を行う方法は、P.064で紹介しています。

Lightroomでの色味編集画面

03 視聴者の傾向をつかむことでより大きなバズへ！

「タイトル」で工夫していることは？

短くわかりやすくということを念頭において、一言で書くようにしています。

ショート動画がバズったきっかけになったのはどんなことだった？

一番初めは、白黒の状態からアニメチックな色味に写真が変化していくという手法でバズりました。その際に、日本人よりも海外の方からの反応がとても多く、日本が好きで特にアニメが好きな方が自分を見てくれているというのをなんとなく傾向としてつかみました。そのため、キャプションに英語を加えてみたり、日本とわかるような風景を入れたりというのを意識することで、よりバズっていったのかなと考えています。

サムネイルとキャプションの例

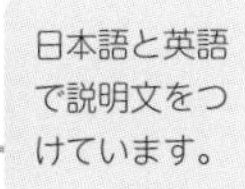

また、自分の場合は特別な観光地などではなく、言ってしまえばどこでも撮れるような景色を使っているので、「日常の中にこんな綺麗な世界があったのか！」というギャップが効くようなところもあったのかなと思います。

フォロワーが増えたきっかけはあった？

無色から色がついていくリールを投稿した際に、400万回再生され、フォロワーが一気に増えました。

ショート動画を始めてから何か変化を感じた？

若い方の情報処理能力が速くなっているのか、全体的に短尺の動画が人気になっているなと感じます。

写真が白黒からアニメチックな色味に変化する動画です。鳥居などの日本らしい景色や日常の景色を撮影しています。

↑ フォロワーが増えるきっかけになったショート動画

本書のサンプル素材を使って、このショート動画で使われている編集テクニックを再現してみましょう。CapCutでの編集手順はP.113から解説しています。

再生回数を伸ばすためにしていることは？

とにかく飽きさせないように、カットは早めに切ったり、音源のリズムに合わせて切ったりすることで不快感を出さないこと、そして最初の1～2秒で惹きつけられるように、一番自分がよいと思う写真を持ってくるなどしています。

視聴者との関わり方について心がけていることは？

皆様からいただいたDMやコメントは、全てに目を通し、できる限りお返事しています。いつも見てくださる皆様からの温かい言葉に、たくさん救われています。皆様のおかげで頑張ることができ、今の自分があると思うので、感謝の気持ちでいっぱいです。

読者へのメッセージ

ご覧いただきありがとうございます。私自身、Instagramのリールで人生が変わったと言っても過言ではないです。いろいろここまで言ってはきましたが、第一に自分が表現したいものを表現するというのが一番だと思います。投稿を続けるうえで、楽しんでいないと苦痛になると思うので^ ^　あとは、続けていく中で「この人の動画いいな」、「やってみたいな」と思うことをマネしてみて、それを自分のやり方と組み合わせることで、自分自身の世界観が出来上がります。ぜひトライしてみてください。

4 01 音楽に合わせて白黒からカラーに変化する動画を作ろう

見本動画

https://www.youtube.com/shorts/gXeEgPptruo

サンプルの写真素材を使って、音楽に合わせて色味が変化する動画を作ってみましょう。ここでは、CapCutだけを利用して写真の色味を変化させます。写真素材と音楽素材は、P.039を参考にあらかじめダウンロードして準備しておきましょう。

01 利用するサンプル素材

◎ 写真

「SamplePhoto_001.jpg」～「SamplePhoto_010.jpg」を利用します。

◎ BGM

← フリーBGM素材『ハッピーエンド』試聴ページ

無料の音楽素材サイト「DOVA-SYNDROME」に登録されている、「チョコミント」作曲の『ハッピーエンド』という楽曲を使用します。BGM素材は、上のQRコードの試聴ページからダウンロードしてください。

02 写真を配置して色を調整する

◎ 写真素材を読み込みます

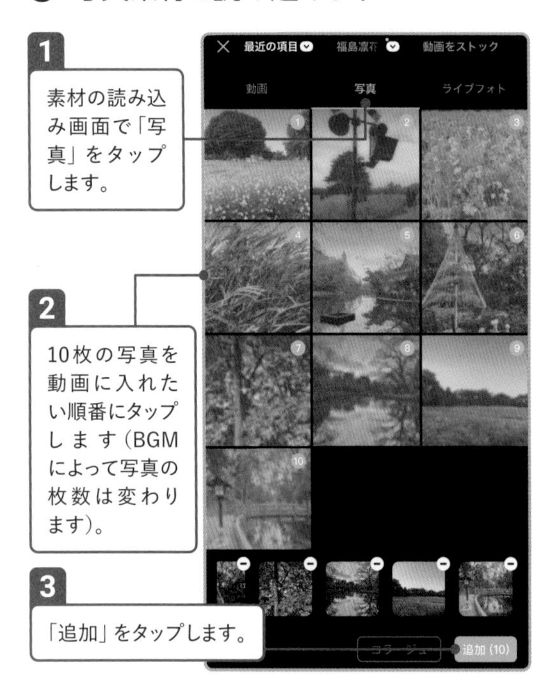

◎ 写真クリップをコピーします

◎ 全ての写真クリップをコピーします

◎ 1つ目の写真クリップを選択します

◎ 1つ目の写真の色を調整します

◎ 写真を白黒にします

Check 特定の色だけを白黒にする

「飽和色」で調整をすると、写真全体が白黒になりますが、「HSL」の「飽和色」で調整をすると、特定の色だけを白黒にすることもできます。例えば、青空が写っている写真で青を調整すると、空の色だけを白黒にできたり、逆に赤い灯篭が写っている写真で赤以外を調整して、灯篭以外を白黒にできたりもします。その他にも、夕焼け空はオレンジと黄を調整することで、空だけを白黒（または青空）にできます。

Chapter 4 人気インフルエンサーに学ぶ

03 BGMに合わせて写真を変化させる

◎ 音楽素材を読み込みます

◎「ビート」をタップします

◎ ビートを自動生成します

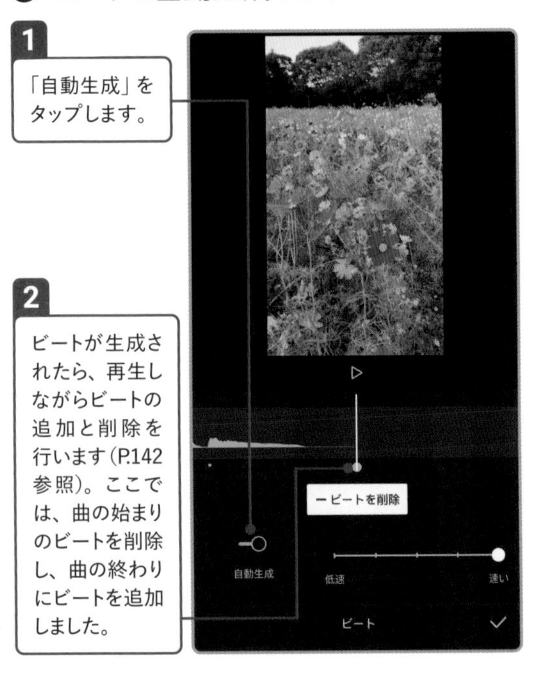

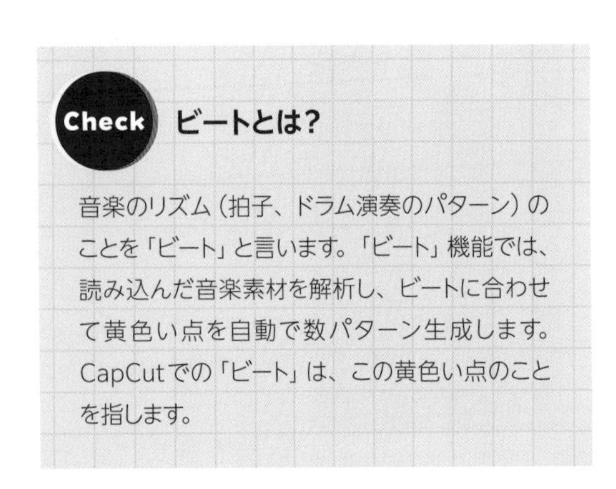

Check ビートとは？

音楽のリズム（拍子、ドラム演奏のパターン）のことを「ビート」と言います。「ビート」機能では、読み込んだ音楽素材を解析し、ビートに合わせて黄色い点を自動で数パターン生成します。CapCutでの「ビート」は、この黄色い点のことを指します。

◎ ビートの黄色い点が表示されます

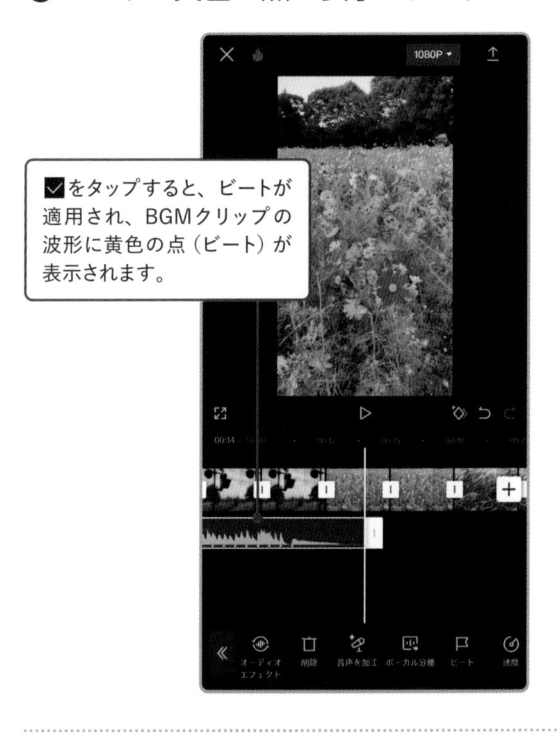

◎ 写真クリップの長さをビートに合わせます

◎ 全ての写真クリップの長さをビートに合わせます

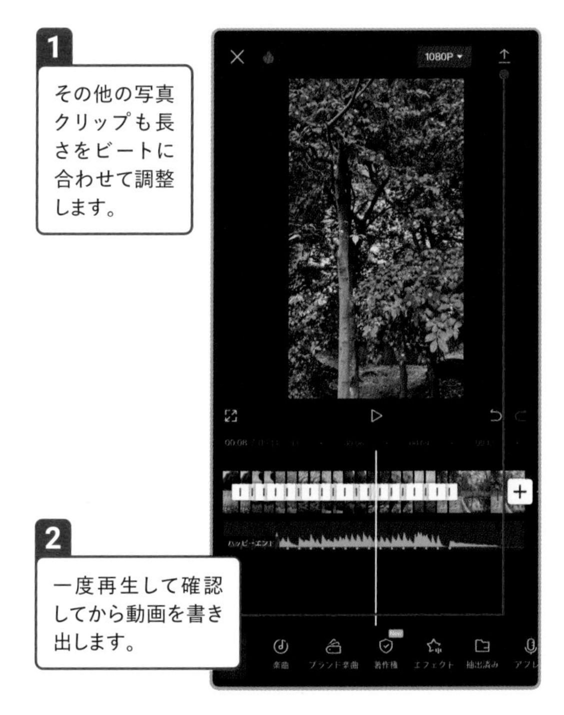

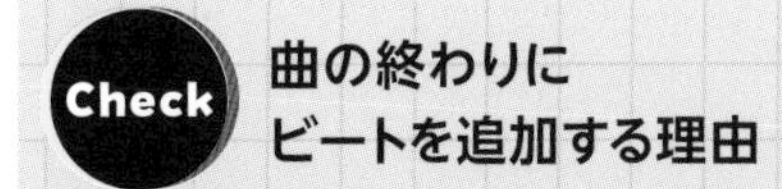

Check 曲の終わりにビートを追加する理由

最後の写真クリップは、終わりの位置をBGMの最後とそろえる必要があります。しかし機種によってはCapCutの仕様上、動画クリップや写真クリップの終わりと、BGMなどのオーディオクリップの終わりをピタッとそろえることが難しく、ズレてしまうことがあります。そのため、今回の作例ではビートを曲の終わりにも追加して、動画の最後の位置を合わせやすくしています。

音楽に合わせて左から右に色味が変化する動画を作ろう

https://www.youtube.com/shorts/zRcBRDvn7ww

「音楽に合わせて白黒からカラーに変化する動画」のプロジェクトを利用して、「音楽に合わせて左から右に色味が変化する動画」を作成します。この操作手順では「オーバーレイ」機能、「キーフレーム」機能、「マスク」機能を利用します。

01 プロジェクトを複製する

プロジェクトを複製します

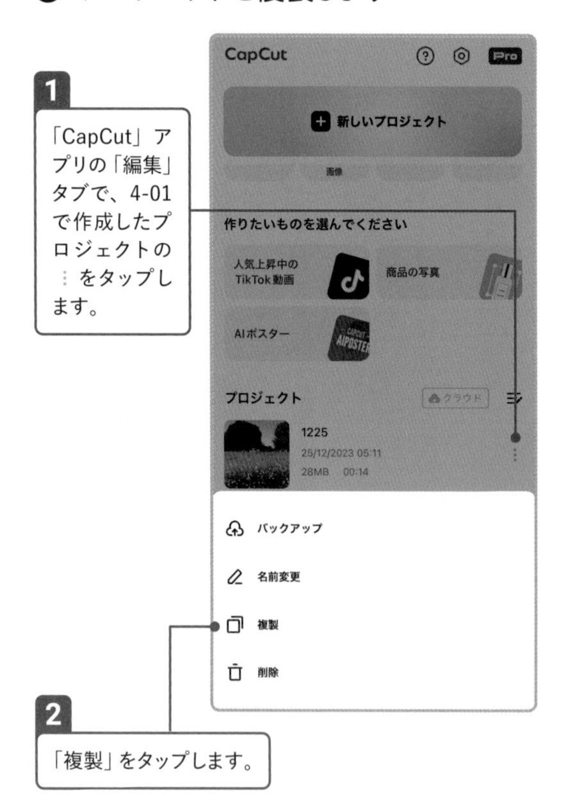

1 「CapCut」アプリの「編集」タブで、4-01で作成したプロジェクトの ⋮ をタップします。

2 「複製」をタップします。

複製したプロジェクトを開きます

後ろに「コピー」という文字が追加されたプロジェクトが作成されるので、タップして開きます。

02 2つの写真クリップを重ねる

2つ目の写真クリップをオーバーレイにします

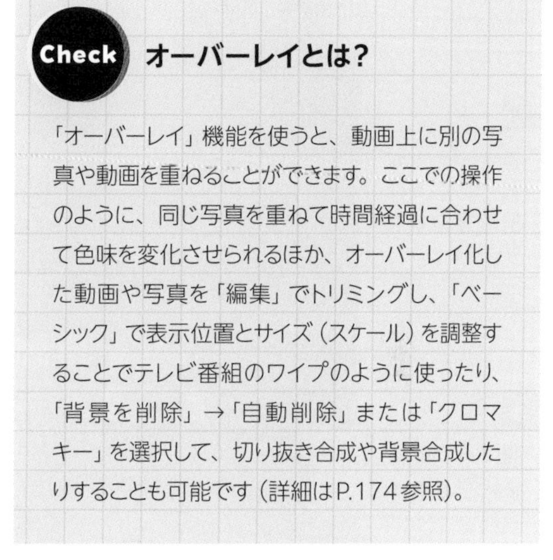

Check オーバーレイとは?

「オーバーレイ」機能を使うと、動画上に別の写真や動画を重ねることができます。ここでの操作のように、同じ写真を重ねて時間経過に合わせて色味を変化させられるほか、オーバーレイ化した動画や写真を「編集」でトリミングし、「ベーシック」で表示位置とサイズ（スケール）を調整することでテレビ番組のワイプのように使ったり、「背景を削除」→「自動削除」または「クロマキー」を選択して、切り抜き合成や背景合成したりすることも可能です（詳細はP.174参照）。

2つ目の写真クリップの開始位置を調整します

1つ目の写真クリップの終了位置を調整します

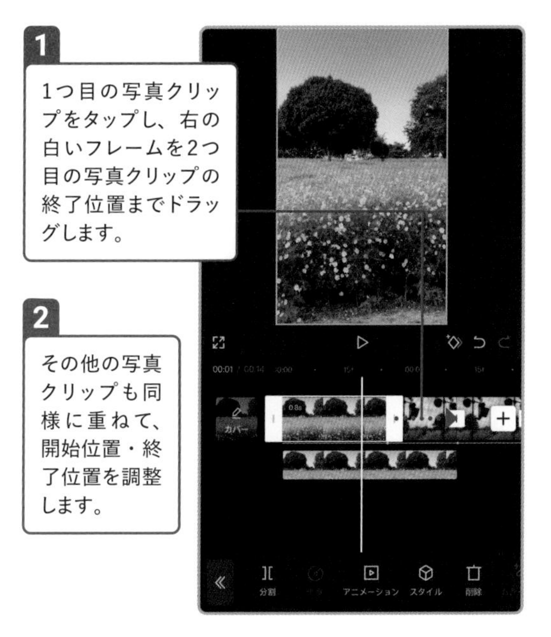

03 キーフレームとマスクを設定する

始点のキーフレームを追加します

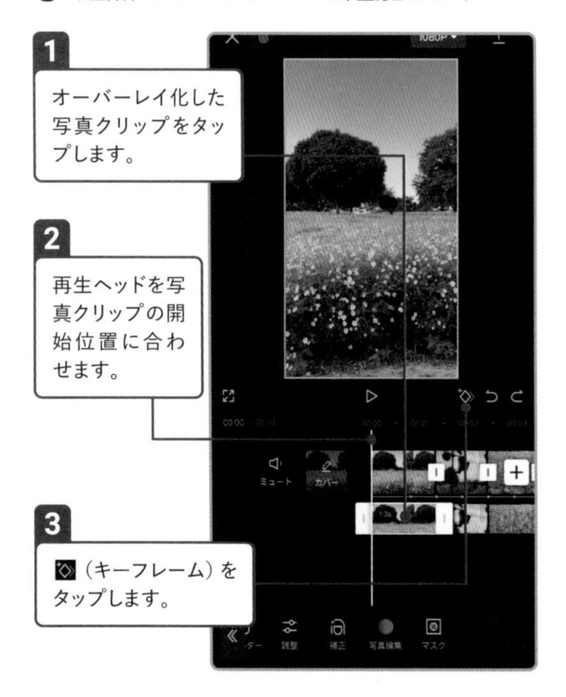

始点のキーフレームが追加されます

「分割」をタップします

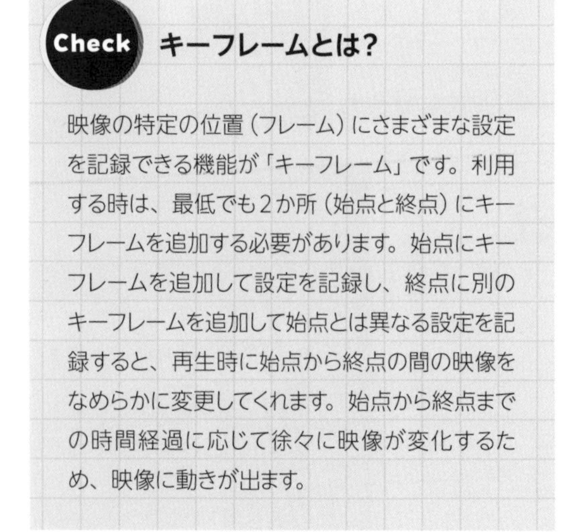

Check キーフレームとは?

映像の特定の位置(フレーム)にさまざまな設定を記録できる機能が「キーフレーム」です。利用する時は、最低でも2か所(始点と終点)にキーフレームを追加する必要があります。始点にキーフレームを追加して設定を記録し、終点に別のキーフレームを追加して始点とは異なる設定を記録すると、再生時に始点から終点の間の映像をなめらかに変更してくれます。始点から終点までの時間経過に応じて徐々に映像が変化するため、映像に動きが出ます。

「調整」をタップします

マスクの位置を調整します

マスクを-90°回転させます

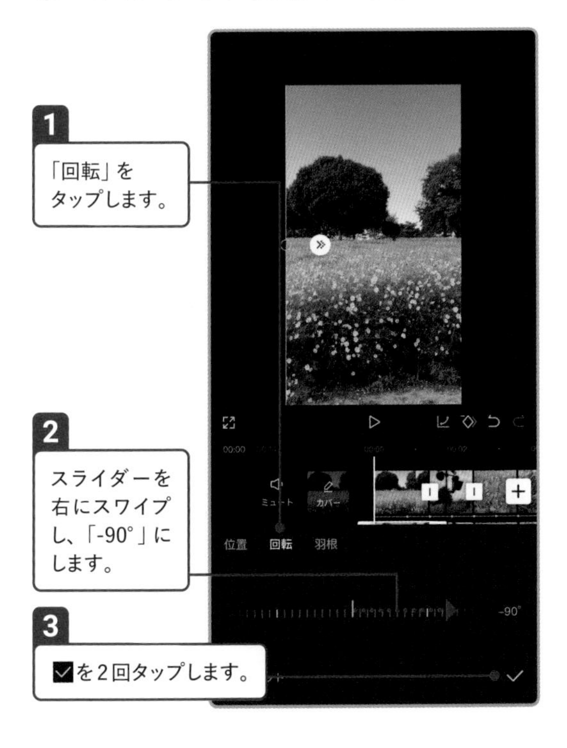

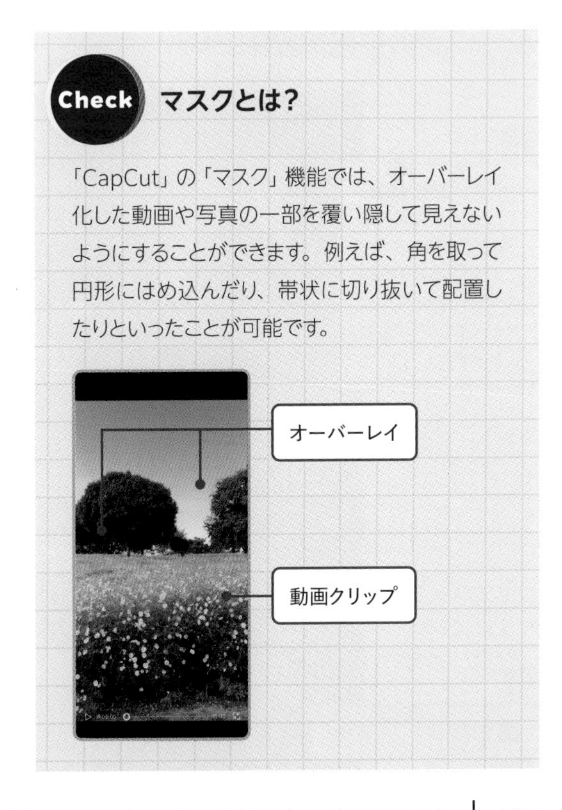

◎ 終点のキーフレームを追加します

1 再生ヘッドを写真クリップの終了位置に合わせます。

2 ◈をタップします。

◎ 終点のキーフレームが追加されます

1 キーフレームが追加されます。

2 「マスク」をタップします。

◎ マスクの位置を調整します

1 「分割」(機種によっては「水平方向」)→「調整」の順にタップし、「位置」の「X軸」のスライダーを左にスワイプして、「999」にします。

2 ☑を2回タップします。

◎ 全ての写真クリップにキーフレームを追加します

1 再生してキーフレームによる映像の変化を確認します。ここでは、次ページ上のように映像が変化します。

2 その他の写真クリップにも同様に、キーフレームの追加とマスクの設定を行い、完了したら動画を書き出します。

Check 映像変化のバリエーション

「マスク」機能を利用すると、左から右に映像を変化させる以外にも、設定を変えれば右から左、上から下、外から中心などさまざまなパターンで映像の変化を設定できます。また、「マスク」機能の代わりに「不透明度」機能を設定すれば（始点の不透明度を「0」、終点の不透明度を「100」に設定）、白黒の画像を徐々にカラーに変化させるといったことも可能です。

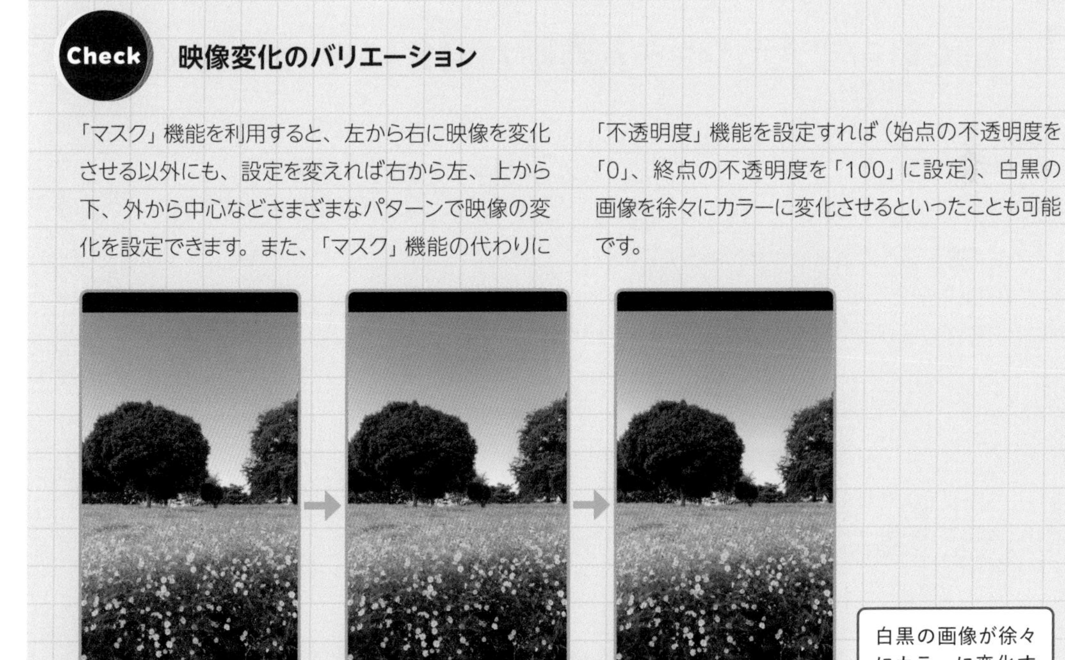

こだわり編集のオールジャンルVlog動画！

とますん

▶ プロフィール

主にVlogを投稿していて、60秒間のショート動画の中に僕の１日をエンタメとして落とし込む形で動画制作をしています。いろいろな場所に出かけたり、家の中で商品紹介をしたり、オールジャンルを取り扱って活動しています。

01　短く集中できるショート動画が自分にマッチしました！

ショート動画制作を始めたきっかけは？

もともとは横型の長尺動画をやろうと思っていたのですが、カメラの前で1人で喋ることに慣れていなかったのと、実はあまり集中力がなくて、長い時間集中する必要がある長尺動画が僕には合いませんでした。そこにTikTokなどが出てきて、ショート動画の60秒の中だったら、集中して動画が撮れるかなと思って始めました。実際やってみると僕の性格にすごくマッチしていて、そこからショート動画に本格的に取り組むようになりました。

投稿したショート動画の中で「一番バズった」と感じたものは？

最初の頃は料理系の動画を投稿しており、一番初めにバズったのは、僕の名前の「とますん」をもじって「すんタバ」と題したスターバックスのドリンクの再現動画でした。そのシリーズが僕の中で最初のヒットかなと思います。

「すんタバ」シリーズのショート動画

←「スタバ新作をおうちで再現しちゃいますん！！」

タイミングよく細かいカットを用いて、スターバックスコーヒーの期間限定ドリンクを再現しています。

←「45秒でキャラメルフラペチーノ作ってみた！」

こちらは「45秒で作る」という要素を加えた動画です。 前フリ 45秒ノーカット編集 オチ

02 BGMやエフェクトは試行錯誤して毎回変更！

ショート動画のネタ探しはどうしている？

日常でVlogをしているので、「じゃあネタ探しするぞ！」って感じではなく、日常の中で思いついたことや、何か見ていて「これいいな」と思ったことに対して、すぐにメモを取るようにしています。そのメモから深掘りしていく感じですね。

台本の作成や構成で工夫している点は？

台本を作るうえでは、ストーリー性をつけるようにしています。例えば、飲食店で美味しい牛丼を紹介するにしても、「何で僕は牛丼を食べたくなったの？」とか、僕自身のストーリーをしっかり入れるようにしています。

僕に興味がなかったら離脱されてしまうかもしれない、というデメリットも正直あるのですが、そこも面白く前置きをできるのであればよいと考えています。

ショート動画を撮影する時の工夫点は？

撮影の際に、シーンごとに画角を変えるようにしています。動画として飽きられないように、その時その時のシーンで合う画角を探して、試しながら撮っています。

また、元気よく、動きも大きく見せるようにしています。声も普段喋っている素の声から何トーンか上げて喋るようにして、短い動画の中でインパクトがあるようにしています。

シーンごとに画角を変えています。

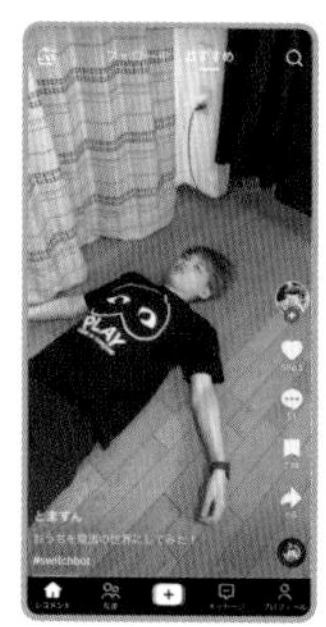

↑「おうちを魔法の世界にしてみた！」

ショート動画を編集する際の工夫点は？

僕はオールジャンルの動画を取り扱うので、型にはまった編集はしないようにしています。あまり型にはめようとすると、毎回同じような編集になりますし、編集のスキルも磨かれないと思うので、毎回違うことを試して、違う映像にしようと心がけてやっていますね。

カット編集では、ワンシーンが長くなりすぎないように心がけています。最短で1秒以下、長くて3秒くらいです。その映像が面白ければ長く使いますし、つまらなかったらパッパッと変えていきます。

トランジションなどのエフェクトも、いつも決まったものを使うのではなく、編集しながらいろいろと当てはめて、マッチするものをその都度探しています。

BGMも毎回探すようにしています。僕はあまりSpotifyなどのサブスクリプションで音楽を聴かず、電車でも動画用のBGMを聴くことで普段からよいBGMを探しています。「Epidemic Sound」や「Artlist」といったサイトなどでBGMを聴いて、いいなと思ったものは保存しておき、動画編集の時に当てはめていくようにしています。

この動画では、動画に入っている音声（台詞）と、アフレコ部分で説明が必要だと思った商品名、動作などにテロップを入れました。

アフレコと、動画に入っている音声が分かれており、アフレコの音声は間を細かく詰めています。

↑「おうちを魔法の世界にしてみた！」の動画編集画面

↑ 商品名のテロップ

↑ 動作のテロップ

SE（効果音）は、動画を一度作成してから、ちょっと寂しいなと思ったところに付け加えるようにして、あまりガチャガチャしないようにしています。

テロップも必要最低限に収めるようにしています。ショート動画はテンポよく進んでいくので、パッと出されても読み切れないイメージがあります。ちょっと説明不足だなと思ったところに入れるようにしています。

有料の音楽素材サイト

Epidemic Sound

2009年にスウェーデンでスタートした業務用音楽ライセンスサービスです。ロイヤリティフリーで全ての楽曲・効果音を利用できます。利用料は、使った分だけの都度精算か、月額のサブスクリプションのどちらかを選べます。

Artlist

動画クリエイター向けのオールインワンプラットフォームです。ロイヤリティフリーの動画用音楽や効果音、ストックビデオ、テンプレート、プラグイン、動画編集ソフトウェアを提供しています。利用には、月額または年額のサブスクリプション契約が必要です。

その他の無料音楽素材サイトなどは、P.061でも紹介しています。

「タイトル」で工夫していることは？

スクロールしてショート動画が流れてきた時に一目でわかるように、「○○してみた」など、簡潔にまとめるようにしています。

タイトルは簡潔にまとめています。

「サムネイル」で工夫していることは？

サムネイルはショート動画では正直そんなにこだわってはいなかったのですが、YouTubeショートでもサムネイルを動画のシーンから選べるようになってからは、サムネイル用に撮ったシーンとかではないんですけど、その動画で一番興味深く感じてもらえそうなシーンを設定しています。

ショート動画と従来の横型動画で編集の仕方や心がけている点に違いはある？

長い動画では、ショート動画では見せられないような素の僕を見てもらえるようにしています。ショート動画は、台本から結構作り込んだ僕を見せているので、親近感は正直あまりないと思うんですよね。作り込みすぎずに、カメラに向かって自然に話すくらいの動画を投稿するようにしています。

本当はショート動画の編集スタイルをそのまま横型動画にも持っていければよいのですが、なかなか時間的にも厳しいので。そこは、いつもと違った僕を見せられるとポジティブにとらえて、横型動画を撮るようにしています。

撮影機材/編集アプリ

撮影　：ソニー VLOGCAM ZV-1
その他の撮影機材：三脚
編集　：Final Cut Pro（Macを使用しているため、動作が軽くてプロフェッショナルな編集も可能、初心者から編集に凝りたい人まで対応できるアプリだったことが決め手です）

03 変化を続けて飽きられない動画作りを

ショート動画がバズったきっかけになったのはどんなことだった？

きっかけというきっかけはわからないのですが、最初にバズったのは「すんタバ」シリーズでした。

あまり僕はスーパーバズりとか、時の人みたいになったことはなくて。100点が出るというよりは、70点くらいを出すことを継続している感じです。スーパーバズりをしても飽きられちゃうと思いますし、いい具合にバズッてくれて、それがずっと続いているように思います。狙いすぎずに小さく積み上げるのが大事かなと思います。

再生回数を伸ばすためにしていることは？

「これだな！」って思った動画のスタイルでも、何回か作っているとちょっとずつ飽きられちゃうことが再生回数などの数字上でもわかっているので、スタイルを少しずつ変えるようにしています。

例えば、最初に「すんタバ」シリーズがバズりましたが、そこからオールジャンルを取り扱うようにシフトチェンジしていきました。ずっと同じ料理のジャンルだけだと、視聴者も飽きちゃいますし、動画制作のスキルもあまり上がらないのではないかと思って。いろんなジャンルを取り扱って挑戦していくことで、さまざまな動画の構成を考えるという過程も踏めます。常に変化し続けることを大事に取り組んできました。

YouTubeですと、アナリティクスを隅々まで見られるアプリがあったり、TikTokでもインサイトを見られたりするので、動画の視聴維持率などのデータを見つつ、「あれ？　最近落ちてきているな」と思ったら、構成をマイナーチェンジします。それを投稿してみて、どうかなと反応を見る、その繰り返しですね。

投稿プラットフォームの使い分けはしている？

本当は使い分けた方がよいのですが、1本の動画をそれぞれのプラットフォームに投稿しているので、特に意識はせず、YouTubeとTikTokに重きを置いて、そこでバズるような楽しい動画を上げています。視聴者層としては、YouTubeショートとTikTokはだいたい一緒かなと思うのですが、Instagramリールは結構層が違うなと感じています。リールは「面白い」「エンタメ」よりも、「おしゃれ」で「役立つ」ような情報が伸びている印象です。

1つだけ違いとして、動画の最後に表示する「チャンネル登録してね」「フォローしてね」という画面を変えています。TikTokとInstagramはフォローという概念で、YouTubeはチャンネル登録という概念なので、同じようにInstagramで「チャンネル登録してね」って言ってしまうと、「使い回してるな」と思われてしまうため、そのプラットフォームに合った表示をするようにしています。

「フォローしてね♡」と「チャンネル登録してね♡」の映像・アフレコを使い分けています。

↑ TikTok

↑ YouTube

再現Hint 一部のシーンを差し替える

一部のシーンだけを差し替えたい時は、まずCapCutの「編集」タブで複製するプロジェクトの ⋮ →「複製」をタップしてプロジェクトをコピーします。コピーしたプロジェクトをタップしてテロップやアフレコを差し替えましょう。動画クリップごとシーンを差し替える場合は下の手順で行います。

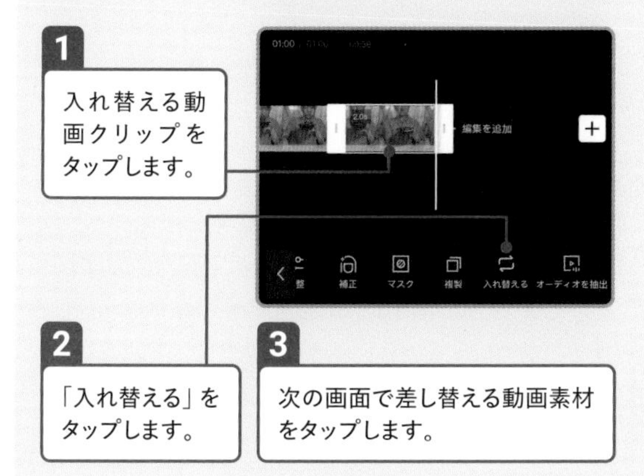

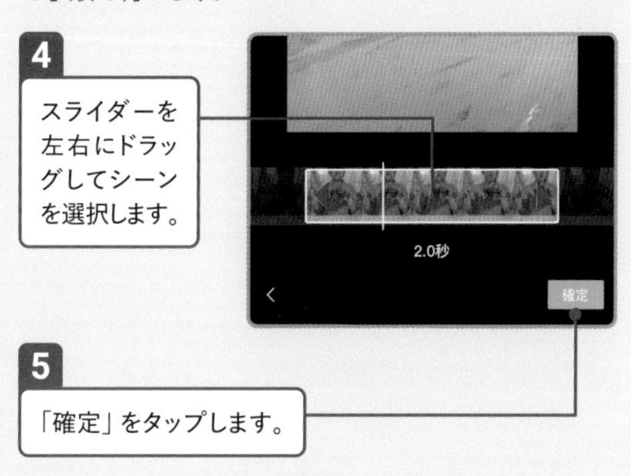

視聴者との関わり方について心がけていることは？

コメント欄をしっかり見るようにしています。コメントしてくれる人は視聴者の中の本当にごく一部だとは思いますが、それでもその動画に対しての反応がコメントからすごくよくわかります。

また、視聴者のコメントを拾った動画を撮ることもあります。そういった動画は、視聴者参加型というか、視聴者にも「見てくれてるんだな」と思っていただける、一緒に動画を作っている気分になってもらえると思います。そういう意味でコメント欄はすごく大事にしています。

視聴者のコメントを拾って、返信する形でショート動画を作ることもあります。

↑「【東京→岡山】普通電車で実家に帰省したら過酷すぎた…」

04 ショート動画の拡散力で人生が変わった!

ショート動画を始めてから何か変化を感じた？

本当に人生まるっと変わったって感じですね。最初はバイトしながら動画制作をしていましたが、ショート動画を続けるうちに、ショート動画だけで生活できるようになりましたし、街でも声をかけられるようになりました。どんどん続けていくことによって、自分の思い描いていたクリエイターに近づいているなと思います。

自分の活動の中でショート動画をどう活用している？

僕の活動はショート動画がメインとなっています。自分のグッズ販売などの告知にも使えますし、拡散力があるので、自分を知ってもらうために一番よいものかなと認識しています。

読者へのメッセージ

動画制作は、YouTubeの動画からNetflixなどのハイクオリティな作品まで、本当に幅広く学ぶことも多くて奥深いですが、最初はあまり技術面とかは考えずに、とりあえず動画を作って出してみるのがよいと思います。そこからトライ&エラーでどんどんよくしていくと、よくなるごとに動画作りも楽しくなってくると思うので。最初はどんなに出来の悪い動画でも、とにかく出してみて、どんどんレベルアップしていただけたらなと思います。僕も最初の頃の動画は、今見ると本当に恥ずかしいようなものです。そんなに難しいものと思わずに、トライしてほしいです。

絵文字に合わせたダンスが世界中で人気に

TAKAHARU channel

▶ プロフィール

主に絵文字を使ったダンスの解説動画を投稿しています。
日本や海外の楽曲など幅広いジャンルのダンスを、言語を使わずに絵文字だけで表現しています。
また、通常の速度だけでなく遅い速度での解説もしており、小さい子どもから大人まで流行りのダンスを知ることができるチャンネルです。初心者の方でもマネできるダンスもあるため、動画投稿のネタとしてもよく見られています。
最近ではチャンネル登録者数が180万人を超え、総再生回数が10億回を超えるチャンネルになりました。

01 絵文字に合わせてマネしやすい動画がヒット!

ショート動画制作を始めたきっかけは？

2020年にコロナ禍もあり、自分自身をたくさんの方に知ってもらうために何か始めようと思ったことが、ショート動画を始めたきっかけです。

投稿したショート動画の中で「一番バズった」と感じたものは？

海外で流行っていた音に合わせてピストルを打つ動画です。

ダンスかと言われたらダンスじゃないと思います(笑)。子どももマネできて言語もないので、音に合わせてマネしてみようという方が多かったのかなと思っています。

言語を使わずに絵文字だけでダンスを表現しています。

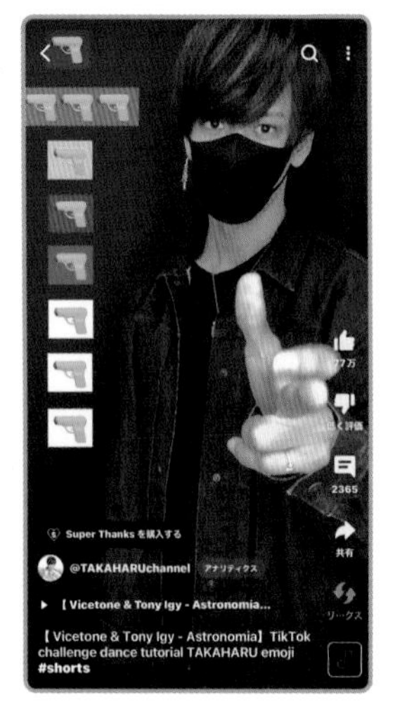

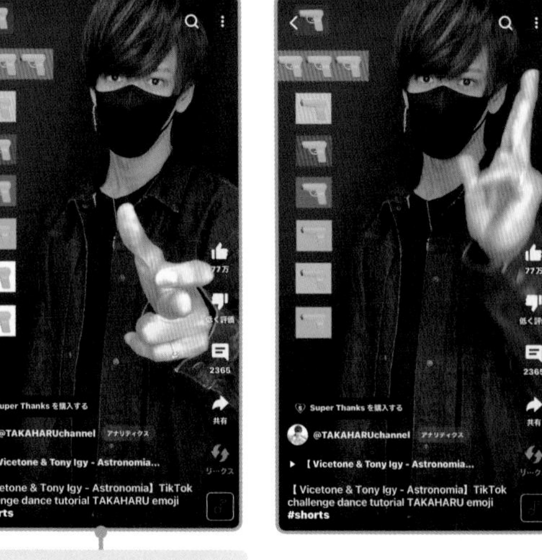

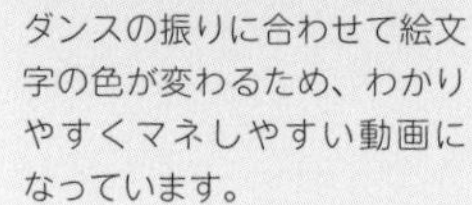
ダンスの振りに合わせて絵文字の色が変わるため、わかりやすくマネしやすい動画になっています。

02 何よりも伝わりやすさを重視した動画作り

ショート動画のネタ探しはどうしている？

TikTok、Instagramリール、YouTubeショートを主に見ています。

海外のインフルエンサーさんや日本で人気のインフルエンサーさんが踊っている動画をいろいろ見て、評価の数やフォロワーなどの数字を確認して判断しています。

台本の作成や構成で工夫している点は？

ダンスを踊っている動画を見てから編集をするので、絵文字で表現できなさそうなものは初めから撮影しないようにしています。

動画の初めに曲名とアーティスト名を書くようにしており、TikTokではこの部分をサムネイルとして表示しています。

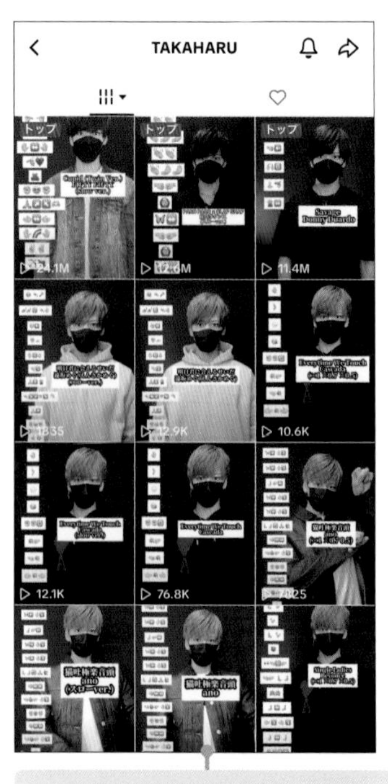

動画の初めに曲名とアーティスト名を掲載し、サムネイルにも設定しています。

ショート動画を撮影する時の工夫点は？

なるべくズボンが映らないようにしていて、上半身だけの動画が多いです。

立ち位置はグリッド線で真ん中より右に寄ることが多いです。大体の動画で左上に絵文字を追加しているので、そのスペースを空けて撮影しています。よく視聴者の方から「ずっとカメラ目線」と言われるのですが、グリッド線の中で収められるように意識して、はみ出ないように画面を見続けています。

踊りに関しては、カッコつけるというよりは1人でも多くの方にわかりやすいようにと意識しています。

フィルターは使っていなくて通常のカメラ機能で撮影しています。あとは、動いた時に明るさが変わらないようにピントと明るさを固定して撮っています。

ショート動画を編集する際の工夫点は？

振付と絵文字が合う時に絵文字の背景色を変えます。また、絵文字が顔に被らないように少し小さくしています。

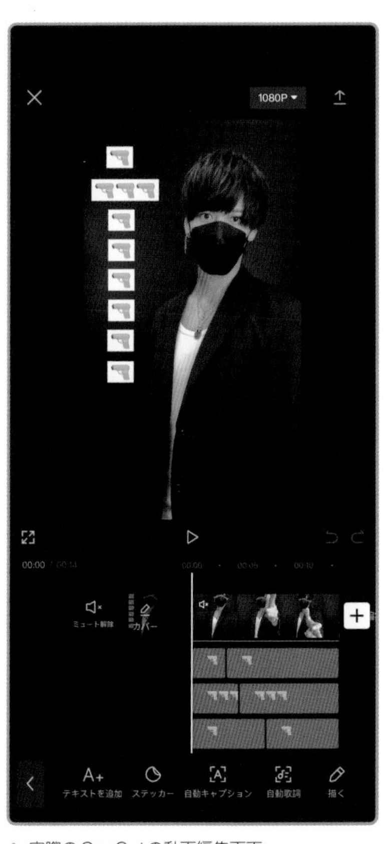

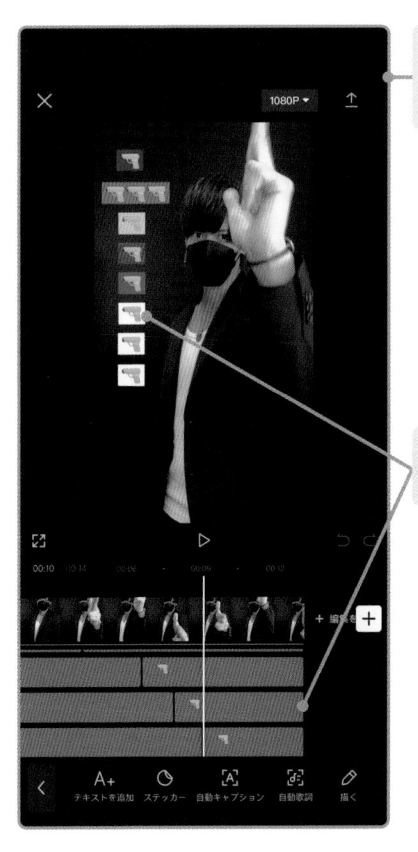

絵文字が顔やアイコンに被らないよう、左上に小さめに表示しています。

ダンスに合わせて絵文字の背景色を変える編集をしています。

↑ 実際のCapCutの動画編集画面

この動画をもとにしたサンプル動画を利用して、CapCutで編集を再現してみましょう。

・動画と音楽、絵文字のタイミングをそろえる→P.137
（絵文字の背景色の変え方も紹介しています）
・動画の速度をゆっくりにする→P.145
・各プラットフォームで音楽（BGM）を再設定する→P.147

Check 撮影機材/編集アプリ

撮影	：iPhone 14 Pro Max
その他の撮影機材	：iPhone 13 mini（音楽を流す用）、照明（NEEWERの18インチ LEDリングライト、背景に当てる舞台照明）、背景スタンド（幅300 cm高さ200 cmくらい）、背景布（幅180cm高さ300cmの黒い布）
編集	：CapCut

「タイトル」で工夫していることは？

海外向けに、英語でタイトルをつけるようにしています。例えば、「ダンス」ではなくて「dance」、「解説」ではなくて「tutorial」とつけるようにしています。

あとは、検索で引っかかるようにアーティスト名や楽曲名なども書くようにしています。

ショート動画と従来の横型動画で編集の仕方や心がけている点に違いはある？

ショート動画を組み合わせて長尺動画にしています。横型の動画は撮ったことがありません。

長尺動画にはエンディングをつけているのですが、ショート動画の組み合わせなのでエンディングも縦型でのエンディングにしています。

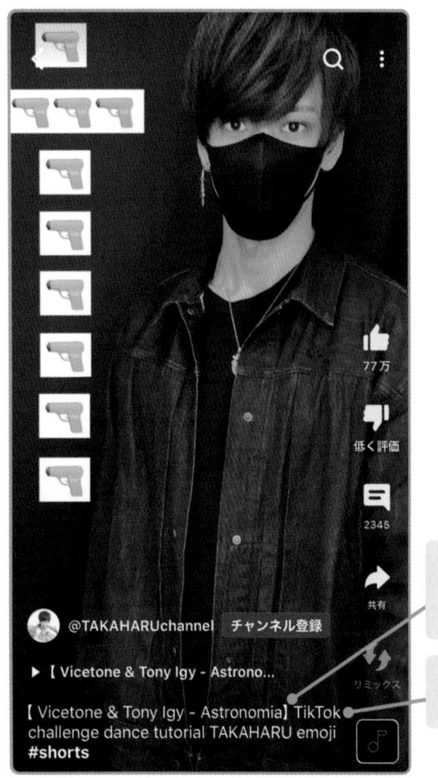

↑ YouTubeのショート動画のキャプション

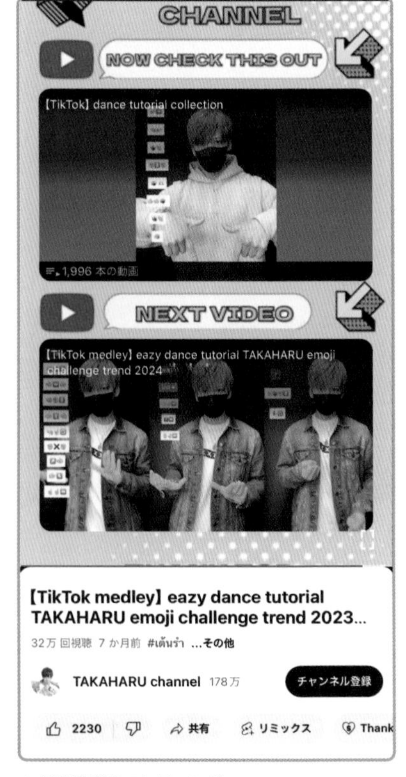

↑ 長尺動画のエンディング

03 とにかく投稿してみてから、反響を取り入れる

フォロワーが増えたきっかけはあった？

自分の動画を見返した時に、表情をつけるのが難しいと思ったのでマスクを着けて動画を投稿してみたらフォロワーが増えました。マスクを着けたことで、「目元が〇〇に似ている」という反響があったので、それがフォロワー増加の理由の1つだと思います。

再生回数を伸ばすためにしていることは？

何がきっかけで再生数が伸びるのかわからないので、とにかく投稿をしてみるようにしています。投稿してみた中で少しでも再生回数が多い動画を調査して、要因を調べるようにしています。例えば、楽曲が流行っていたのか、編集がよかったのか、などを調べ、少しずつ変化させて次の投稿に活かしています。

視聴者との関わり方について心がけていることは？

動画を投稿してから1時間以内くらいにコメントしてくれた方に絵文字で返信するようにしています。

ショート動画を始めてから何か変化を感じた？

TikTokやYouTubeも収益化が始まったことは、大きな変化だと思います。

あとは、テレビ番組に動画を使っていただけたり、事務所のスカウトや楽曲の提供、案件、本の出版の話など、いろんなお話をいただく機会が増えたりしました。

絵文字でコメントの返信をしています。

Chapter 4 人気インフルエンサーに学ぶ

↑（上）TikTokアカウント、（左下）Instagramアカウント、（右下）YouTubeアカウント

読者へのメッセージ

インタビューを読んでくださりありがとうございます。

動画を投稿するにあたっていろいろと考えてしまうこともあるかと思いますが、何がきっかけでバズるかわからないので、とにかく投稿してみるのが一番だと思います。

僕はYouTubeのチャンネルを開設してから約2年間、1日あたり再生数が100回を超えたら多い方でした。それでも、とにかく投稿を続けていたら登録者数が100万人を超えるチャンネルになりました。

投稿したら自分を褒めて、再生が少しでもされたら自分を褒めて、一つひとつの積み重ねが自信につながると思います。そして、諦めずに続けてもらえたらと思っています。

このインタビューで皆さんに何か少しでも役に立てたら嬉しいです。改めて、最後まで読んでくださりありがとうございました。

動画と音楽、絵文字のタイミングをそろえる

見本動画

https://www.youtube.com/shorts/MYLS04_wOwc

ダンス動画の編集においては、ダンスの動きと音楽がピッタリとそろうことが重要です。ここでは、「TAKAHARU channel」の動画をマネして、振付・音楽のタイミングに合わせて絵文字を変化させる方法を紹介します。

01 利用するサンプル素材

◎ 動画

「練習用サンプル動画【絵文字ダンス】」を利用します。

◎ 音楽

無料オリジナル音楽素材サイト「BGMer」で公開されている、『Awaken』という楽曲を使用します。音楽素材のダウンロードは、下のQRコードのページから行ってください。

Check 自分でダンス動画を撮影する時のアドバイス

ここではサンプル動画を利用して編集方法を学びますが、ダンス動画を自分で撮影する際は、次のテクニックを覚えておきましょう。

1. 三脚などでカメラを固定して撮影する
2. 音楽を流しながら撮影する
3. 動いても見切れない余裕のある画角で撮影する
4. ダンサーの顔が暗くならないように、必要であれば照明も使って撮影する

「カメラ」アプリでは音楽を流しながらの動画撮影が難しいので、撮影用のスマホとは別のスマホやパソコンを用意して音楽を流すことなどを検討しましょう。音楽を再生するタイミングと、動画の録画を開始するタイミングが合わせにくい場合は、音楽をループ再生の設定にしてから録画を始める方法もあります。

02 撮影した動画と音楽のタイミングをそろえる

◎ 新しいプロジェクトを作成します

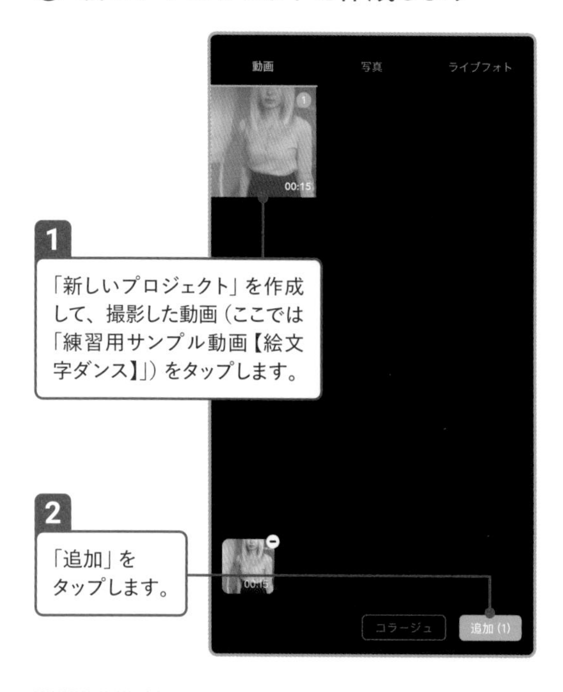

◎ 楽曲をインポートします

◎ 「デバイス」を選択します

◎ 楽曲を選択します

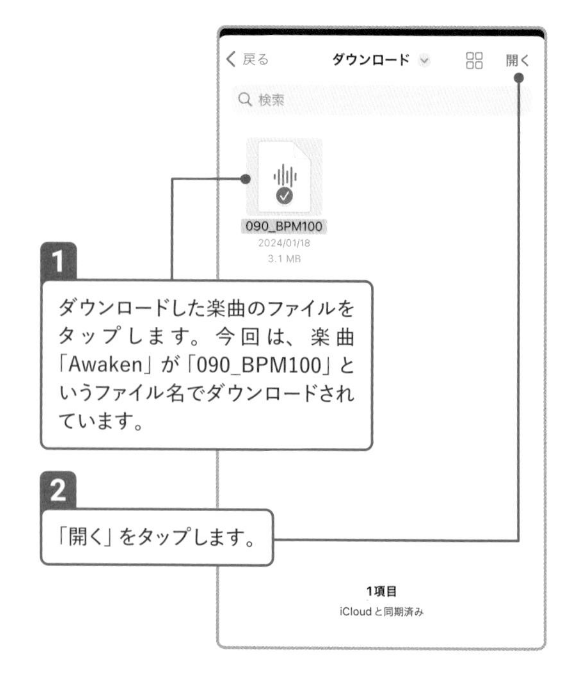

楽曲を追加します

□をタップします。

楽曲のオーディオクリップが追加されます

楽曲のオーディオクリップが追加されます。

ここからは、楽曲の波形を参考にしながら、目視で動画の動きと楽曲のタイミングをそろえていきます。

楽曲の冒頭をカットします

1 最初の動作に合わせたい場所の少し前に、再生ヘッドを合わせます。

最初の動作を合わせる場所はここです。

2 オーディオクリップを選択し「分割」をタップします。

楽曲の冒頭を削除します

1 再生ヘッドより前の楽曲のオーディオクリップをタップします。

2 「削除」をタップします。

◎ 動画と音楽のタイミングをそろえます

◎ 動画の開始位置で楽曲が始まるようにします

◎ 動画の終了位置で楽曲をカットします

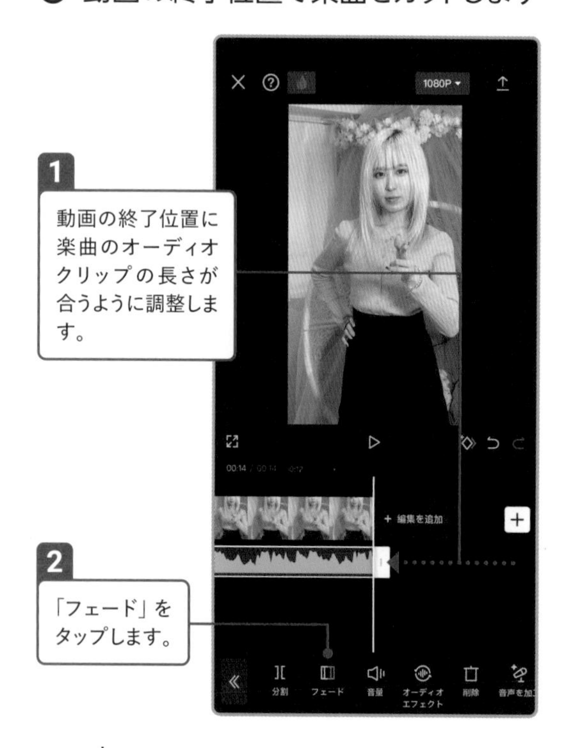

◎ フェードアウトを設定します

動画の音楽と楽曲のタイミングを合わせる

ダンス動画を録画した際に、音楽を流しながら撮影していた場合、「オーディオを抽出」機能が便利です。動画の音声をオーディオトラックに移動させて、音の波形を確認することができ、楽曲とタイミングを合わせやすくなります。

なお、「オーディオを抽出」すると、P.056のCheckで紹介した「ミュート」をタップする方法では、動画の音声を無音にできないので注意しましょう。

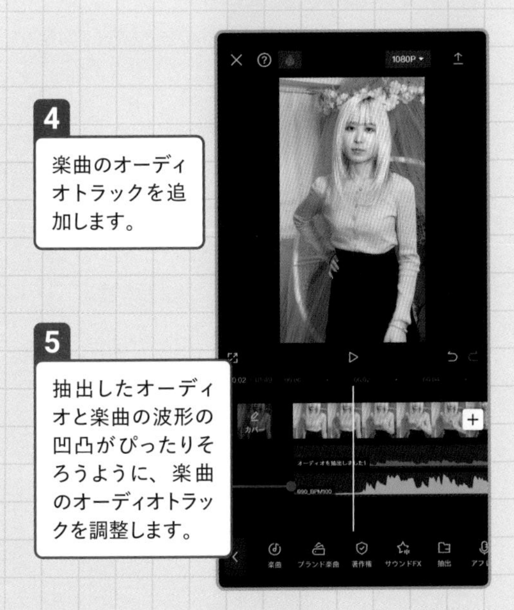

03 撮影した動画・音楽と絵文字のタイミングをそろえる

◎「ビート」をタップします

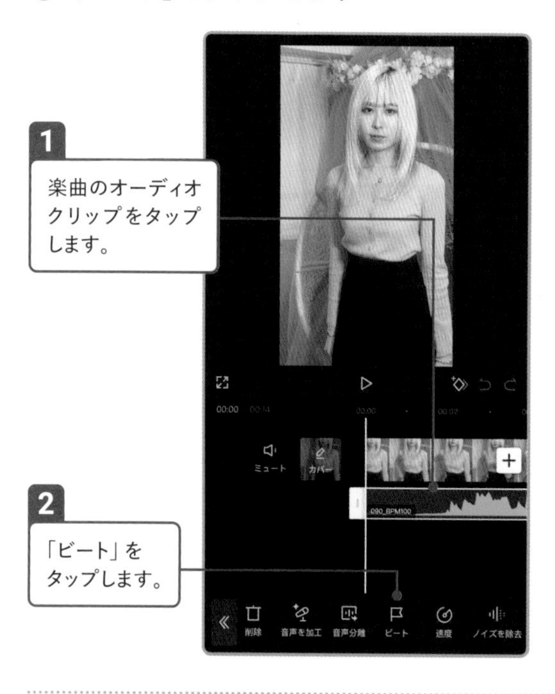

1 楽曲のオーディオクリップをタップします。

2 「ビート」をタップします。

◎ ビートを自動生成します

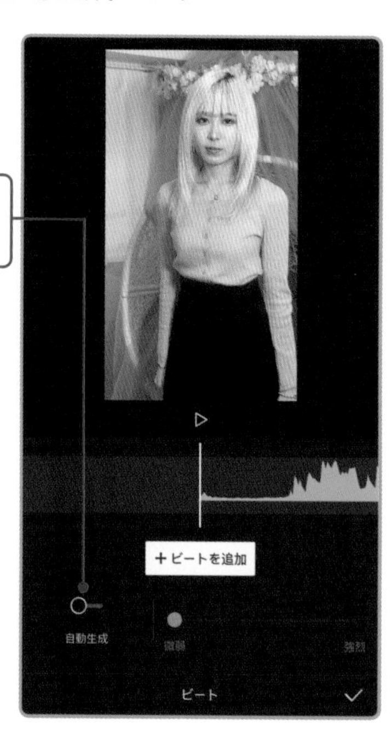

1 「自動生成」をタップします。

2 確認画面で「ビートを追加」をタップします。

◎ ビートが追加されます

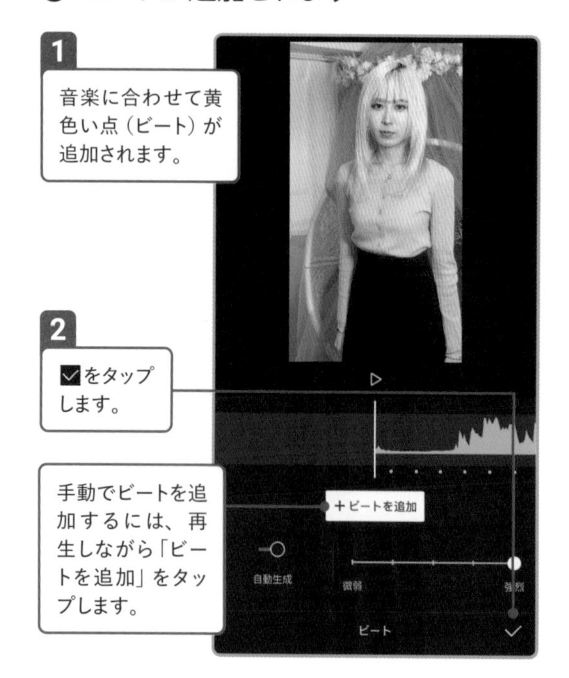

1 音楽に合わせて黄色い点（ビート）が追加されます。

2 ✓をタップします。

手動でビートを追加するには、再生しながら「ビートを追加」をタップします。

◎ 不要なビートを削除します

1 再生しながらビートが不要な箇所（ここでは絵文字の切り替えが不要な場所）を確認します。

2 不要なビートに再生ヘッドを合わせ、「ビートを削除」をタップします。

ビートを確定します

1 ☑をタップします。

テキスト（絵文字）を追加します

1 《→〈の順にタップし、ツールバーを表示します。

2 「テキスト」→「テキストを追加」の順にタップします。

テキストクリップを調整します

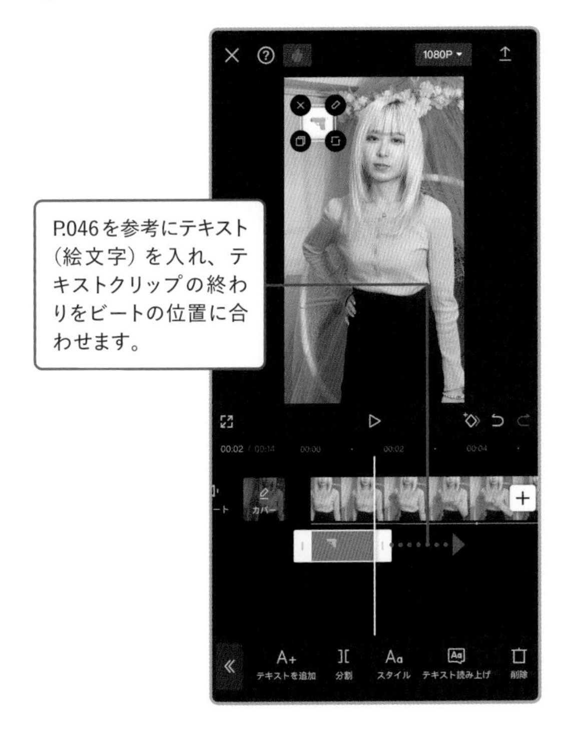

P.046を参考にテキスト（絵文字）を入れ、テキストクリップの終わりをビートの位置に合わせます。

テキストクリップを複製します

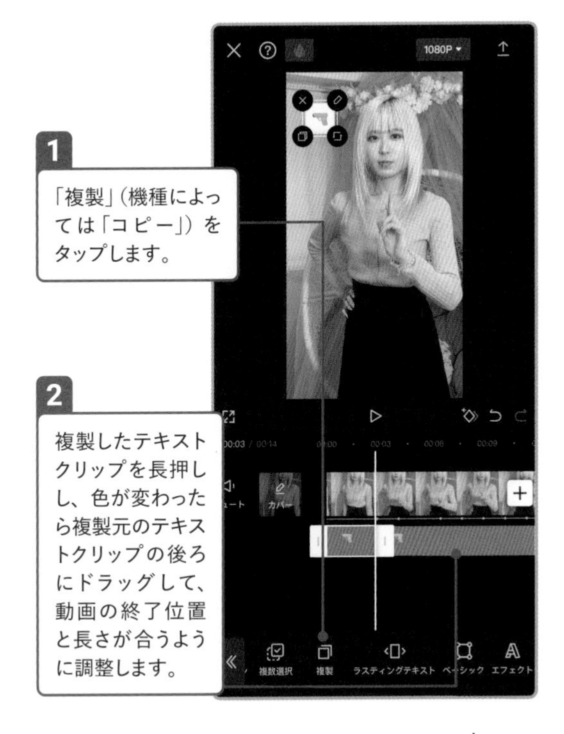

1 「複製」（機種によっては「コピー」）をタップします。

2 複製したテキストクリップを長押しし、色が変わったら複製元のテキストクリップの後ろにドラッグして、動画の終了位置と長さが合うように調整します。

◎ 2行目以降の絵文字を追加します

◎ テキストのスタイルを変更します

◎ 撮影した動画・音楽と絵文字のタイミングがそろいます

Check TikTokでセーブした楽曲を使う

TikTokとCapCutには連携機能があり、連携させると、TikTokでセーブしたTikTokのオリジナル楽曲を使えるようになります。ただし、著作権の問題により、表示されるのは一部の楽曲のみです。

動画の速度をゆっくりにする

見本動画

https://www.youtube.com/shorts/4hFpBWonZWU

動画の速度をゆっくり（スロー）にすることで、振付の動作もゆっくりとわかりやすくなります。ゆっくりとした速度のダンスを別撮りした場合は、音声の速度のみをゆっくりに編集することも可能です。また、早送りの編集もでき、スピード感のある動画も作れます。

動画をスロー再生にする

新しいプロジェクトを作成します

「新しいプロジェクト」を作成して、通常の速度で書き出した動画を追加します。

「速度」をタップします

1 動画クリップをタップします。

2 「速度」をタップします。

Chapter 4 人気インフルエンサーに学ぶ

◎「通常」をタップします

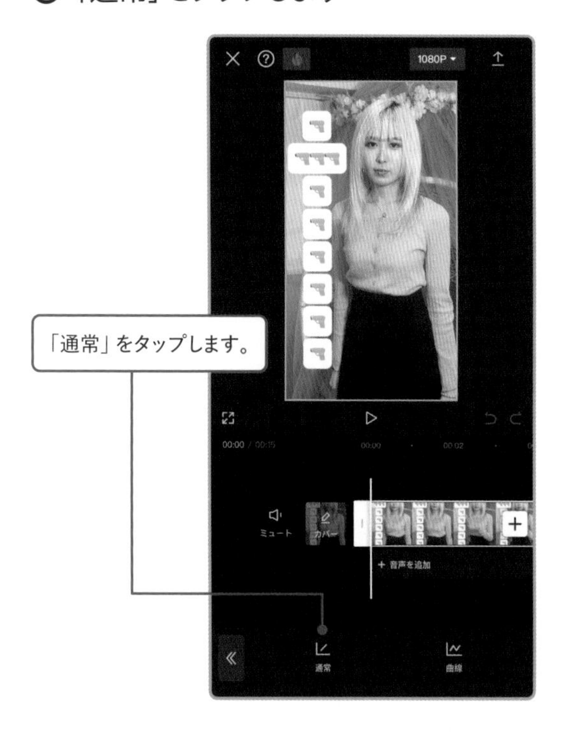

◎ 動画の速度をゆっくりにします

Check 音楽のみをゆっくりにする

動画はそのまま、もしくは別撮りしたものに差し替えて、音楽のテンポだけをゆっくりにすることも可能です。動画の音声を抽出（P.141参照）するか、新たに音声データを挿入（P.059参照）し、オーディオクリップをタップすると、オーディオのサブツールバーに「速度」が表示されるので、上記の操作を参考に速度を調整します。

4 05 各プラットフォームで音楽（BGM）を再設定する

各プラットフォームでは、著作権管理団体と提携して、ショート動画に利用される音楽（BGM）の著作権を管理しています。許可された音楽を適切に使用していることを示すため、楽曲登録の有無を調べて再設定を必ず行いましょう。

01 TikTokで音楽を再設定する

音楽が使われているショート動画を表示します

1 TikTokで自分のショート動画に利用したい音楽が使われているショート動画を表示します。

2 画面右下のアイコンをタップします。

音楽をセーブ（保存）します

「セーブする」をタップします。

Check 音楽の再設定

ここでは、「4-03で作成した動画に「TAKAHARU channel」の「音に合わせてピストルを打つ動画」で使われている音楽を利用している」という想定で解説をしています。使用したい音楽が使われているショート動画が特にない場合は、楽曲の選択画面で検索して再設定しましょう。音楽素材サイトの楽曲も、プラットフォームの楽曲ライブラリに登録されていることがあります。

TikTokの編集画面を表示します

1 P.080～081を参考に投稿する動画を選択し、TikTokの編集画面を表示します。

2 画面上部の「楽曲を選ぶ」(機種によっては「オリジナルの楽曲」)をタップします。

セーブした音楽を選択します

1 「セーブ済み」をタップします。

2 セーブしておいた音楽をタップします。

3 編集でBGMを追加している場合、このままでは音が二重に聞こえるので調整します。「音量」をタップします。

設定した音楽の音量を0にします

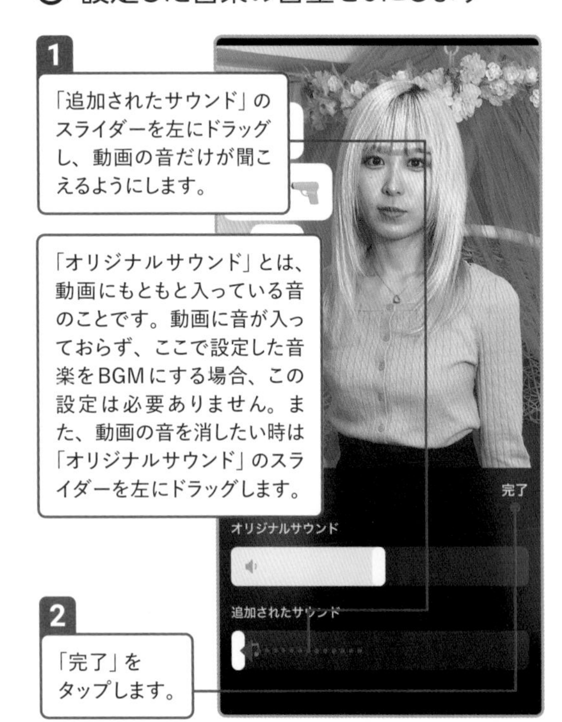

1 「追加されたサウンド」のスライダーを左にドラッグし、動画の音だけが聞こえるようにします。

「オリジナルサウンド」とは、動画にもともと入っている音のことです。動画に音が入っておらず、ここで設定した音楽をBGMにする場合、この設定は必要ありません。また、動画の音を消したい時は「オリジナルサウンド」のスライダーを左にドラッグします。

2 「完了」をタップします。

動画に音楽が再設定されます

1 動画に音楽が再設定されました。

2 「次へ」をタップし、P.082からを参考に動画を投稿します。

02 Instagramリールで音楽を再設定する

◎ 音楽が使われているショート動画を表示します

1

Instagramのリールで自分のショート動画に利用したい音楽が使われているショート動画を表示します。

2

画面右下のアイコンをタップします。

◎ 音楽をセーブ（保存）します

をタップします。

◎ Instagramリールの編集画面を表示します

1

P.087～088を参考に投稿する動画を選択し、Instagramリールの編集画面を表示します。

2

この画面が表示される場合は「音源を追加」を、P.150右下と同じ画面が表示される場合は をタップします。

◎ 「保存済み」をタップします

「保存済み」をタップします。

P.150右下の画面から をタップした場合は、画面の表示が少し異なりますが、操作方法は同じです。

◎ セーブした音楽を選択します

セーブしておいた音楽をタップします。

◎ 「完了」をタップします

「完了」をタップします。

◎ ⌄をタップします

⌄をタップします（この画面が表示されず、次の画面が表示されていることもあります）。

◎ ♫をタップします

♫をタップします。

◎「管理」をタップします

「管理」をタップします。

◎動画の音量と追加した音楽の音量を変更します

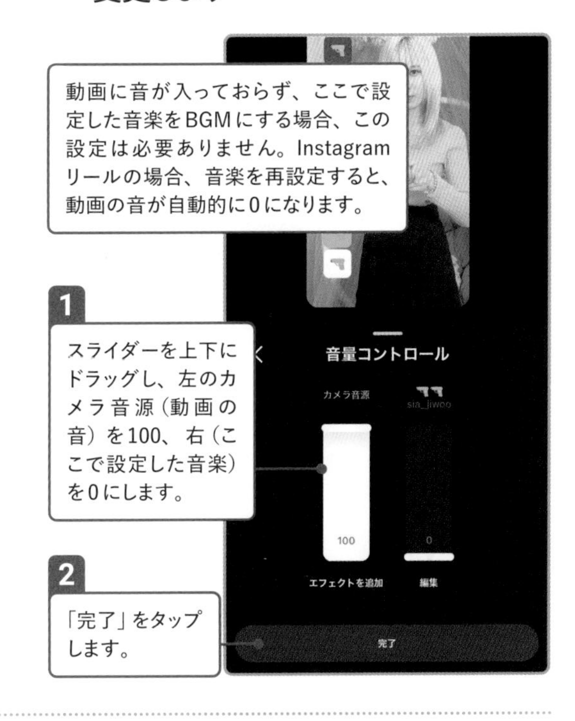

動画に音が入っておらず、ここで設定した音楽をBGMにする場合、この設定は必要ありません。Instagramリールの場合、音楽を再設定すると、動画の音が自動的に0になります。

1 スライダーを上下にドラッグし、左のカメラ音源（動画の音）を100、右（ここで設定した音楽）を0にします。

2 「完了」をタップします。

◎編集画面に戻ります

▬ を下にスワイプして画面を閉じ、編集画面に戻ります。

◎動画に音楽が再設定されます

1 音楽の再設定が完了します。

2 「次へ」をタップし、P.089左下からを参考に動画を投稿します。

03 YouTubeショートで音楽を再設定する

◎ 音楽が使われているショート動画を表示します

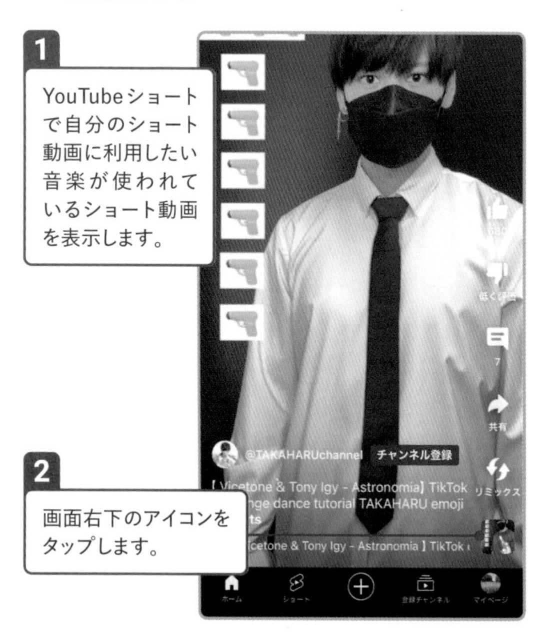

1 YouTubeショートで自分のショート動画に利用したい音楽が使われているショート動画を表示します。

2 画面右下のアイコンをタップします。

◎ 音楽を保存します

「音声を保存」をタップします。

◎ YouTubeショートの編集画面を表示します

1 P.096～098を参考に投稿する動画を選択し、YouTubeの編集画面を表示します。

2 「サウンド」（Androidスマホの場合は、画面上部の「サウンドを追加」）をタップします。

◎ 「保存済み」をタップします

「保存済み」をタップします。

保存した音楽を選択します

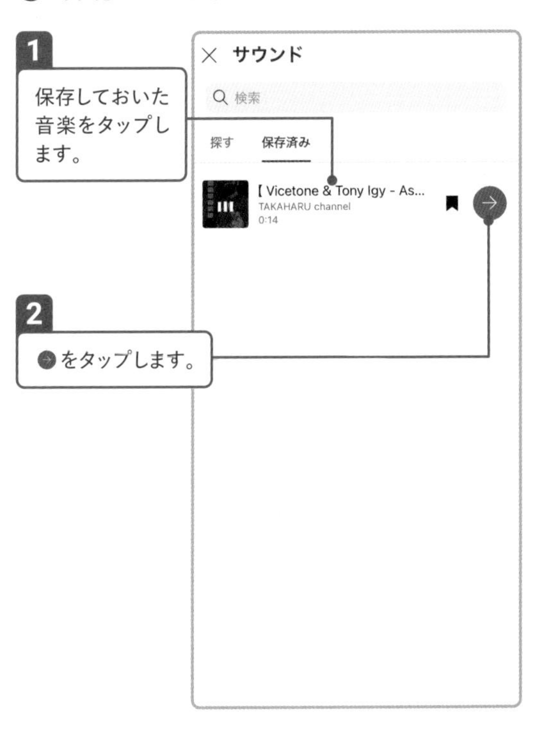

1 保存しておいた音楽をタップします。

2 ➡をタップします。

「音量」をタップします

編集でBGMを追加している場合、このままでは音が二重に聞こえるので調整します。「音量」(Androidスマホの場合は、画面右上のスライダーが表示されたボタン)をタップします。

設定した音楽の音量を0%にします

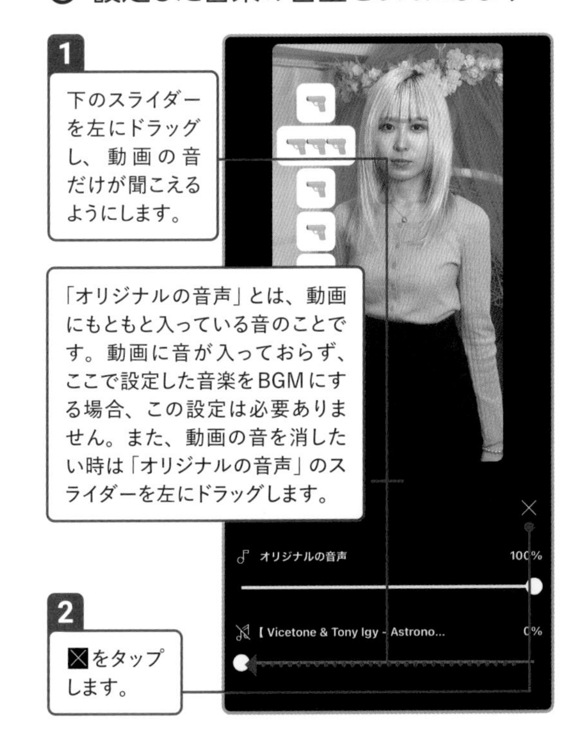

1 下のスライダーを左にドラッグし、動画の音だけが聞こえるようにします。

「オリジナルの音声」とは、動画にもともと入っている音のことです。動画に音が入っておらず、ここで設定した音楽をBGMにする場合、この設定は必要ありません。また、動画の音を消したい時は「オリジナルの音声」のスライダーを左にドラッグします。

2 ☒をタップします。

動画に音楽が再設定されます

1 音楽の再設定が完了します。

2 「次へ」をタップし、P.099からを参考に動画を投稿します。

肉のプロによる飯テロ料理動画!

ホルモンしま田

TikTok

Instagram

YouTube

▶ プロフィール

群馬県前橋市と高崎市、埼玉県熊谷市に店舗を構える焼肉屋です(2024年2月現在)。
当チャンネルでは肉の捌き方から食べ方まで、実店舗で培った専門的な知識や目線を取り入れながら、視聴者の皆様に「肉料理」を中心とした食の新たな魅力に気づいていただけるよう日々試行しております。また、肉のプロならではのレシピや実験・検証の結果を公開しています。

01 切り抜き動画からショート動画の投稿を始めました

ショート動画制作を始めたきっかけは?

メイン動画(横型動画)では、肉の捌き方やレシピなどの他に、食材や料理などの豆知識の紹介にも力を入れていました。その豆知識だけを切り抜いた動画も需要があるのではないかと考え、ショート動画の投稿を始めました。

投稿したショート動画の中で「一番バズった」と感じたものは?

「アメリカ人が考えたキャンプ飯が規格外な件について」です。

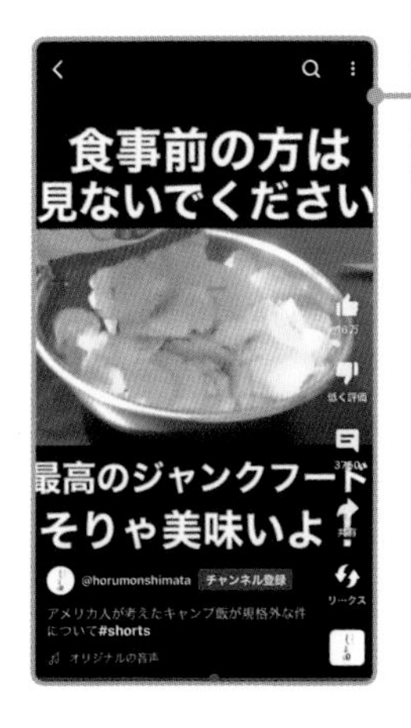

長編動画の切り抜きで、魅力的な調理シーンがテンポよく流れる内容の動画です。

←「アメリカ人が考えたキャンプ飯が規格外な件について」

02 「綺麗すぎない」動画作りで親しみやすさを演出!

ショート動画のネタ探しはどうしている?

海外を中心に、リサーチしまくっています。あとはなるべく時事ネタにも反応ができるように、ニュースやX(旧Twitter)などで探しています。

台本の作成や構成で工夫している点は?

構成については、動画ごとにバラバラになってしまうとチャンネルを認識されにくいので、なるべく統一するように心がけています。例えば、カメラのアングルやシーン、背景などにも気を使っています。

ショート動画を撮影する時の工夫点は?

映像の明るさや音、画角などはある程度編集でカバーできる部分がありますが、手ブレはどうしても限界があるので、基本的に三脚を使って、手ブレをなるべくなくして、少しでも視聴者にストレスを感じさせないように心がけています。

ショート動画を編集する際の工夫点は?

全体として飯テロ(視聴者の食欲を激しく沸き立たせる行為)を意識し、動画をより身近に感じてもらえるよう、絵面などが綺麗すぎる動画にはしないことを心がけています。

また、目線が散らからないように、料理などの主役を基本的に中央に配置し、カットごとに主役の位置が上にいったり、下にいったりしないようにしています。テロップの位置も他の動画と統一できるように、ほとんど固定しています。音に関しては、1つの動画内で大きすぎたり、小さすぎたりしないようにオーディオコンプレッサー(音量のばらつきを均等にする動画編集ソフトの機能)で調整しています。

構成にも関わりますが、最初の2秒に目が留まるように、興味を持ってもらえるようなシーンを入れ、コメントが増えるように、ツッコミどころなど、どこかフックになるようなカットが作れるよう心がけています。

◎ 飯テロを意識した編集の例

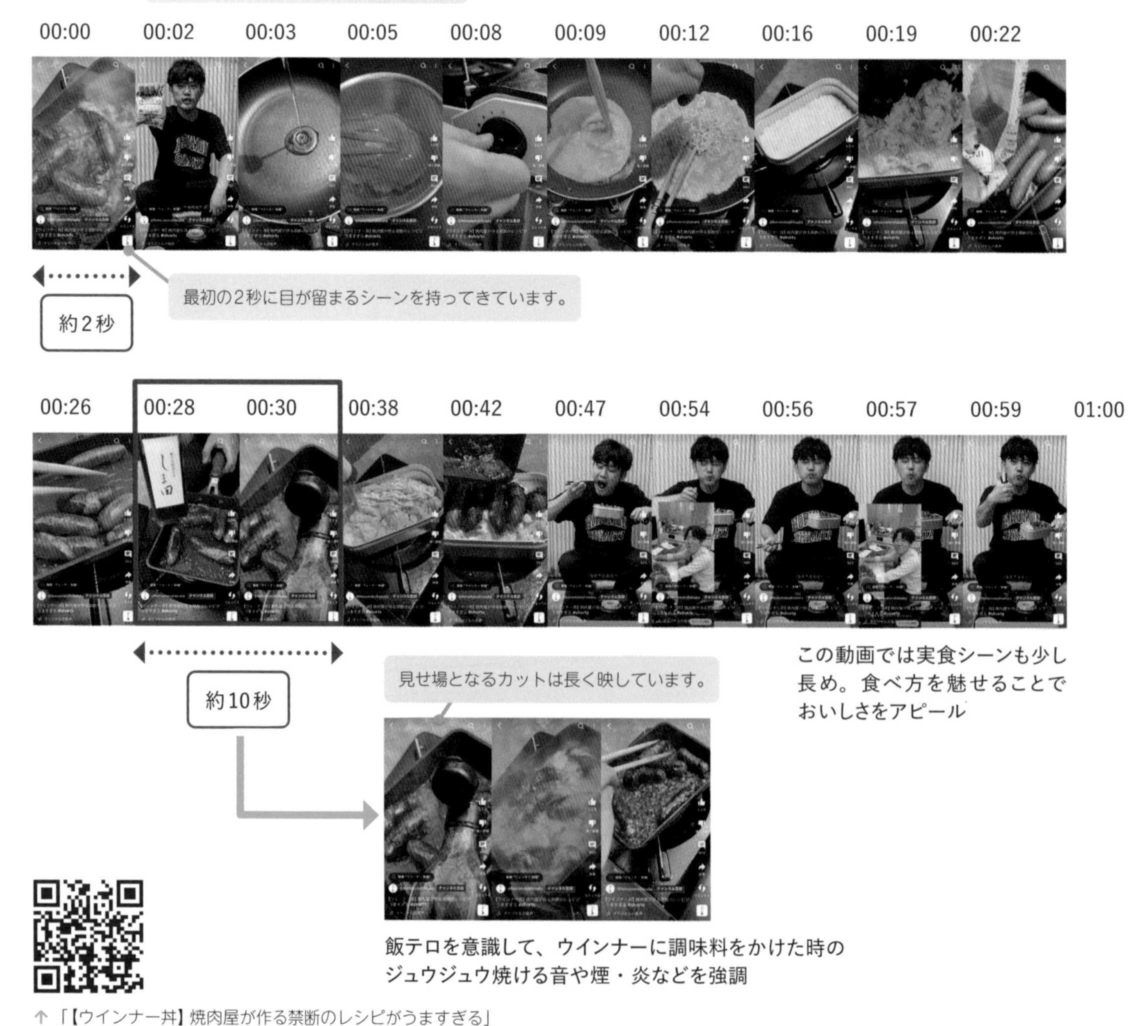

飯テロを意識して、ウインナーに調味料をかけた時のジュウジュウ焼ける音や煙・炎などを強調

↑「【ウインナー丼】焼肉屋が作る禁断のレシピがうますぎる」

「タイトル」で工夫していることは？

ショート動画に関してはサムネイルが重要ではないと考えているので、いかにタイトルで惹きつけられるかを試行錯誤しています。キーワードとなる文言を検索して、よりボリューム（ヒット数）が多いものや注目度が高まっているものを参考につけています。

Check 撮影機材/編集アプリ

撮影：iPhone 13 mini
その他の撮影機材：
照明（NEEWER NL660S/1Y）、
マイク（Saramonic Blink500）
編集：Final Cut Pro

03 コメントやコミュニティを活用した導線作り

ショート動画がバズったきっかけになったのはどんなことだった？

きっかけというきっかけはない気がします。投稿し続けることがとても重要で、それによって徐々に視聴者が増えてきていると思います。

再生回数を伸ばすためにしていることは？

他の人の伸びている動画を参考にして、それをホルモンしま田色に昇華することを意識しています。

視聴者との関わり方について心がけていることは？

コメント全てに目を通し、いいね（高評価）やハートをつけています。また企画や撮影、編集などの参考にさせていただいています。

再現Hint コメントにハートをつける

YouTubeでは、コメントに対して投稿者がハートをつけられる機能があります。投稿したショート動画のコメントを表示し、♡をタップしましょう。

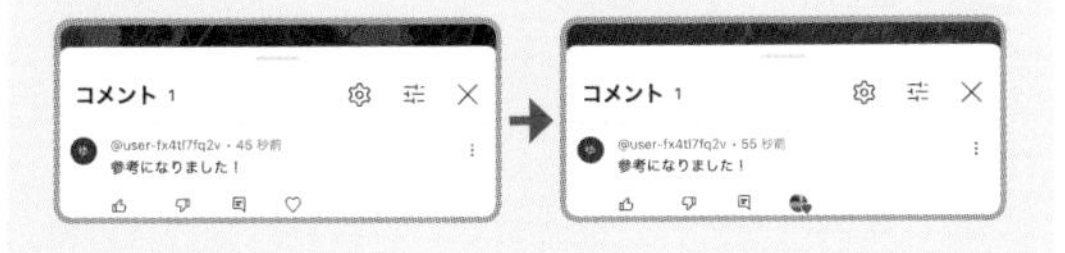

SNSを利用したショート動画の共有方法について、実践していることは？

同じ動画をSNSで宣伝する場合でも、SNSによって最適な投稿時間が異なるので、アナリティクスを頻繁に見て、各SNSで投稿する曜日や時間を変えています。

また動画への導線作りも意識しており、コミュニティ機能を活用して、X（旧Twitter）で拡散してもらえるようにしています。

クイズを出題し、答えをコメントしたりポストしたりしたくなるような仕組みを作っています。解答動画も投稿しており、動画への導線の役割も兼ねています。

↑ YouTubeのコミュニティ

↑ Xの投稿

ショート動画を始めてから何か変化を感じた？

メイン動画（横型動画）とは違った視聴者層の反応を見られるので、ショート動画のコメントを参考にして、メイン動画にも反映させることをしています。メイン動画では獲得できない視聴者を獲得できるので、登録者数にも影響が出ています。

読者へのメッセージ

自分たちは実店舗として焼肉屋をやっていますが、動画の投稿もお店作りと一緒で、見ていただいている視聴者にどうやったら満足してもらえるか、楽しんでもらえるかを考えてやっています。したがって、コメントなどで視聴者の反応を見て、楽しみながら企画などを考えて撮影・編集を行っています。

その中で最も重要なことは、続けるということでしょうか。続けることが一番難しいと思いますが、続けていたら見えてくるものがあるかもしれません。

お店へのご来店もぜひお待ちしています！

↑ TikTokアカウント

↑ Instagramアカウント

↑ YouTubeアカウント

4 06 ジャンプカット(ジェットカット)のテクニックを取り入れよう

見本動画

https://www.youtube.com/shorts/8thpVhZIoNc

視聴者を飽きさせない工夫の1つとして、数多くのショート動画で「ジャンプカット(ジェットカット)」という編集が行われています。ここでは、普通のカット編集との違いやCapCutでの編集方法について解説します。

01 ジャンプカットとは?

同様の画角からの映像を、時間の経過を飛ばしてつなぎ合わせる動画編集の手法を「ジャンプカット(ジェットカット)」と言います(ジャンプカット後に被写体の位置や姿勢、あるいはカメラの位置が変わることもあります)。例えば、相手が自分の方へ歩いてくるシーンであれば、相手が歩き始めたカット、半分くらいまで来たカット、到着したカット、のようにつなげることで、時間経過を省略でき、ただ歩いてくるだけの冗長でつまらない映像になることを避けられます。

ジャンプカットは、P.044で紹介した「カット編集」(「スタンダードカット」とも呼ばれます)と基本的に編集の操作方法は同じです。長めのシーンに余計な間が入らないようにすることを主な目的としている点が、通常のカット編集と異なります。カット編集による映像のつなぎ目がはっきりしてしまうというデメリットもありますが、ショート動画ではテンポ感がとても重要なので、余計だと感じる映像や、言葉に詰まって「あー」「えっと」と言ったり、無音になったりしてしまった部分はどんどんカットして、必要な映像だけを凝縮させましょう。

ジャンプカットが使用されているショート動画の例

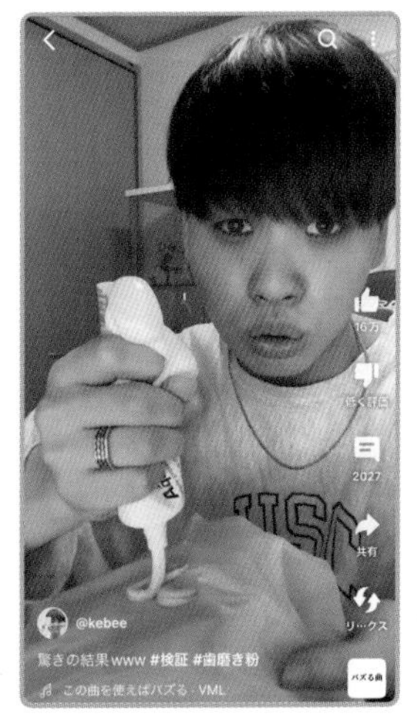

← けべ「歯磨き粉を混ぜてから出しても色が混ざらない!?」

← オムライス兄さん「ハンバーグオムライス」

02 料理の工程をジャンプカットする

ここでは、例として「練習用サンプル動画【ウインナー丼】04」を使って、基本的なジャンプカットの編集手順を紹介します。

◎ 新しいプロジェクトを作成します

「新しいプロジェクト」を作成し、動画素材を追加します。

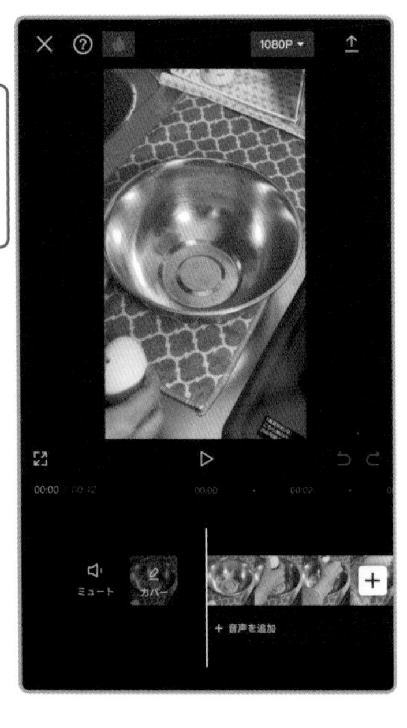

◎ カットを厳選し、分割します

◎ 不要なカットを削除します

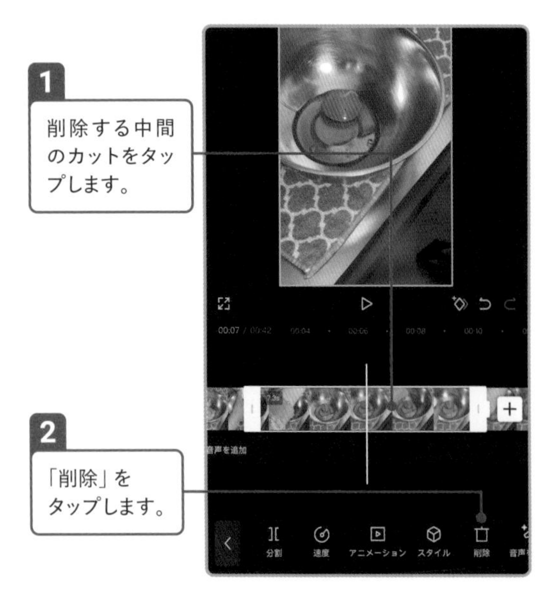

◎ ワンシーンがジャンプカットされます

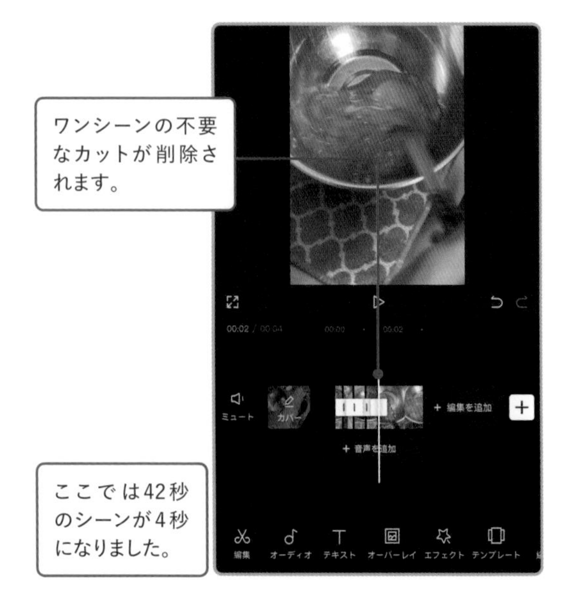

03 「あー」「えっと」や無音をなくしてテンポをよくする

ここでは、例として「練習用サンプル動画【ハンバーガーの分け方】01」を使って、「あー」「えっと」といった意味のない言葉や、不自然な間、無音の時間などをジャンプカットする手順を紹介します。

オーディオを抽出します

動画クリップを分割します

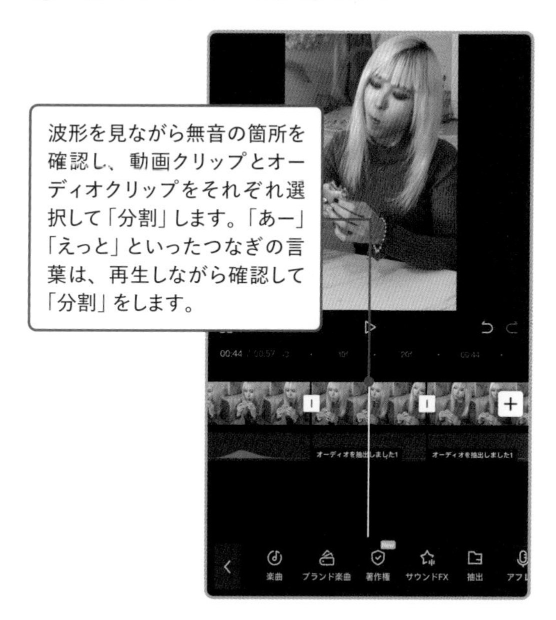

不要なカットを削除します

オーディオクリップを調整します

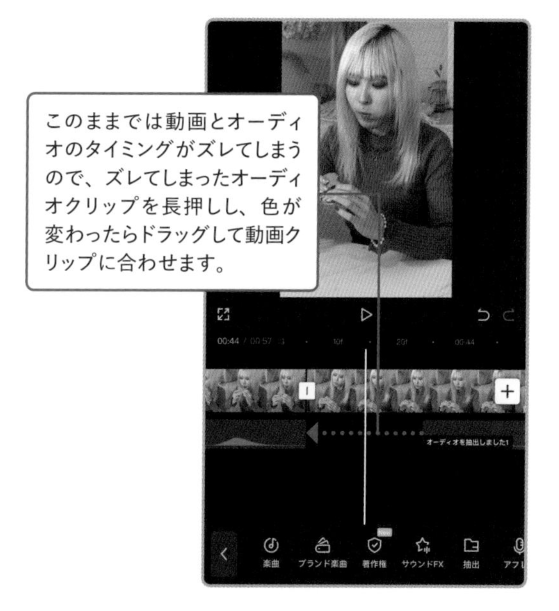

オムライスをさまざまな視点からショート動画に!

オムライス兄さん

TikTok

Instagram

YouTube

▶ プロフィール

オムライスに特化したチャンネルを運用している、オムライス兄さんと申します。視聴者からリクエストしていただいたオムライスを作ったり、エンタメ要素を取り入れた動画を投稿したりしております。総SNSフォロワー数は150万人超えで、TikTok Awards Japan 2022・TikTok Creator Awards Japan 2023ではグルメ部門で最優秀賞を受賞し、2023年にはサントリービアボールのCMや読売テレビ「草彅やすとものうさぎのかめ」に出演しました。

01 流行の予感がして、すぐにショート動画を投稿しました!

ショート動画制作を始めたきっかけは?

2021年から動画を投稿しようと思ったのですが、その当時YouTubeの市場はすでに成熟期を迎えていました。一方、各SNSでショート動画が流行り始めており、まだ収益化環境も整っていない状況だったので、「これは10年前のYouTubeと同じ歴史を辿るかもしれない(今始めれば先行者利益を取れるかもしれない)」と考え、ショート動画の投稿を始めました。

投稿したショート動画の中で「一番バズった」と感じたものは?

「オムライスのプロ」さん(@omuraisupuro)と「オムライス早作り対決」をした動画(2024年2月時点で6,768万回再生)がこれまでで一番バズったと感じました。というのも僕にとって初めて海外にリーチした動画になったからです。

←「オムライスのプロ(@omuraisupuro)とオムライスバトル」

02 編集はボリューム満点のお弁当のように詰め込もう!

ショート動画のネタ探しはどうしている?

ひたすらおすすめ動画を見て、最近バズっている動画やフォーマット、食材を探します。もしくは、ライブで視聴者に「最近ハマっているクリエイターさん」を尋ねるようにしています。

台本の作成や構成で工夫している点は?

オムライス兄さんの需要、トレンドを掛け算して動画を作成することを心がけています。また、たくさんの視聴者に見てもらうために、冒頭のカットは「たくさんの視聴者にとって興味がある瞬間」を持ってこられるように構成を考えています。簡単に言うと、「この企画なら冒頭に引きのある画を持ってこられるだろうか」と考えて構成を練ります。

字幕と表情によって、動画の内容が一目でわかり、興味を引く内容となっています。

メインとなる被写体(顔)が画面の真ん中より上に表示されています。

←「世界一オムライスを食べてる人間のコレステロール値がヤバすぎた」

被写体やテロップの配置は、P.106も参考にしてください。

ショート動画を撮影する時の工夫点は?

基本的にメインとなる被写体はスマホ画面の真ん中より少し上に大きく表示したいので、撮影する時の画角はそこを意識しています。あと、僕の視聴者は比較的年齢層が低いので、簡単な言葉や短いセリフを使用するように心がけています。

ショート動画を編集する際の工夫点は?

飽きを遠ざけるために、できるだけ次の展開を早く見せるようにしたいので、ジェットカットを取り入れています。ワンカットの長さも不要なところは省いて、できるだけ短くすることを意識しています。SEやテロップも可能な限り詰め込んだ方がよいと考えており、要はお弁当に例えると、唐揚げ、焼肉、とんかつなどのカロリーの高い食材をギッシリ1つの箱(ワンカット)に詰め込むイメージです。そのつなぎ合わせで1分のショート動画を作ることを心がけています。

P.159で、工程が長い退屈なシーンや動画内の無音をカットしてテンポをよくする「ジャンプカット(ジェットカット)」のテクニックを紹介しています。

ショート動画と従来の横型動画で編集の仕方や心がけている点に違いはある?

ショート動画=オムライス兄さん、というブランディングをしたいので、僕はできる限り横型動画を投稿しないようにしています。

「タイトル」で工夫していることは？

できるだけ短く、インパクトの強い単語を使うようにしています。

YouTubeショートの場合は、より言葉を強調するために隅付き括弧【】を使用しています。

「【何人知ってる？】有名クリエイターでオムライス作ってみた」のように、隅付き括弧【】にキーワードとなる単語を入れています。

← 「【何人知ってる？】有名クリエイターでオムライス作ってみた」

「サムネイル」で工夫していることは？

動画で一番の見どころになる部分をサムネイルにしています。TikTokの場合は見やすい投稿欄にするために、サムネイルに短いタイトルをつけます。

短いタイトルが中央部にわかりやすく入っています。

Check 撮影機材/編集アプリ

撮影　：ソニー VLOGCAM ZV-1

その他の撮影機材：照明（NEEWER 2パック 660 PRO II RGB LED ビデオライト）、マイク（SHURE MV88+）、最近はスマホ単体で撮ることも増えてきています。

編集　：主にAdobe Premiere Pro

03 「オムライス兄さん」というキャラクターやコミュニティを大切に

ショート動画がバズったきっかけになったのはどんなことだった？

自分独自のフォーマットが確立された時に多くの視聴者に見られるようになり、バズり続けることができるようになりました。

フォロワーが増えたきっかけはあった？

対人関係を動画で見せるようになってから、人となりを知ってもらえるようになり、フォロワーが増えました。特にコラボ動画を増やしてからフォロワーが劇的に増えました。

再生回数を伸ばすためにしていることは？

まずはたくさんおすすめ動画を見て、今は何がトレンドなのかを理解します。そして、そのトレンドに「自分の求められているキャラクターならどうやって乗れるだろうか」と考えて動画を作ります。そうすることによって、再生回数を伸ばしています。

投稿プラットフォームの使い分けはしている？

TikTokとYouTubeショートではトレンドが異なることがあるので、同じ動画を投稿するものの、「この動画はどちらの再生数を取るために作ったものか」を自分の中で明確にしてから投稿します。

視聴者との関わり方について心がけていることは？

視聴者とは主にライブ配信で交流しており、しっかりと名前を呼んであげることを意識しています。そうすることによって、オムライス兄さんというコミュニティに対して帰属意識が生まれ、コアファンになってくれると考えています。コメント欄で意識していることは全てのコメントに「いいね」を押してあげることです。好感を持ってもらえるようになり、ライブへ遊びに来てもらいやすくなります。

ショート動画を始めてから何か変化を感じた？

横型動画に比べて拡散力が桁違いなので、短期間で知名度が上がりました。投稿を始めて2年ちょっとですが、街中で声をかけられない日がなくなりました。

自分の活動の中でショート動画をどう活用している？

拡散力が非常に優れているので、モノの販売や、イベントに参加者を呼ぶ時などの集客に活用しています。また、そういった実績を積み重ねていくうちに、イベントに呼んでいただけたり、企業様とタイアップさせていただいたりする機会も増えています。

↑ TikTokアカウント

↑ Instagramアカウント

↑ YouTubeアカウント

読者へのメッセージ

もし、これから有名になりたい方、モノやサービスを売りたいと考えている方がいらっしゃいましたら、ショート動画を使わない手はないと思います。というのも今のショート動画というのは、AIもかなり発達しており、「届けたい相手に届けられる」いわばレコメンドシステムがかなり進歩しているからです。

また、集客や商品の訴求に困っている方などがいらっしゃいましたら、ぜひともショート動画クリエイターをご活用ください。私たちショート動画クリエイターはバズらせることに長けた集団なので、モノやサービスを大衆に拡散することは得意分野です。私自身もそんな方の期待に応えられるように今後とも日々精進いたします。

視聴者にツッコミ!? スピード感あふれる検証動画

けべ

▶ プロフィール

いろんな動画を実際にマネして挑戦する検証動画や、料理しながら視聴者にツッコミを入れるコメント返信動画を投稿しています。2020年7月から投稿を開始し、2023年1月にチャンネル登録者10万人突破、2024年2月現在のチャンネル登録者数は66万人。総再生回数は6億4,000万回以上。
ユーチューバーのヒカルさんとコラボしたいという夢を叶えるために毎日動画投稿しています!

01 集客力に着目して始めた動画投稿

ショート動画制作を始めたきっかけは?

動画を編集したり撮ったりするのが好きなのと、もともと起業したくて、そのための集客をしたいという気持ちから動画を作り始めました。

投稿したショート動画の中で「一番バズった」と感じたものは?

「歯磨き粉を混ぜてから出しても色が混ざらない!?」という内容の動画です。

撮影機材/編集アプリ

撮影：iPhone 14 Pro
その他の撮影機材：照明2台、三脚
編集：CapCut(スマホでの編集時)、Adobe Premiere Pro(パソコンでの編集時)

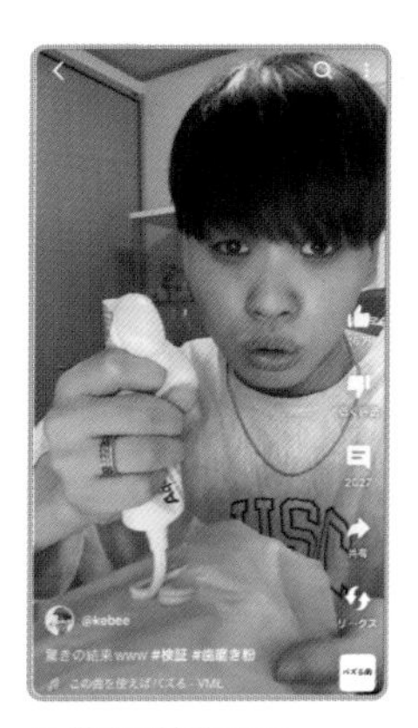

↑ 驚きの結果www

「歯磨き粉を混ぜてから出しても色が混ざらない!?」という内容の海外のショート動画の検証をした動画です。

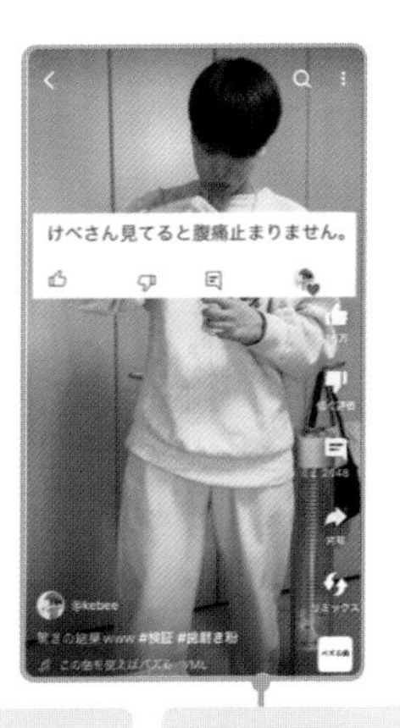

動画の途中で、視聴者からのコメントへの返事とツッコミをしています。

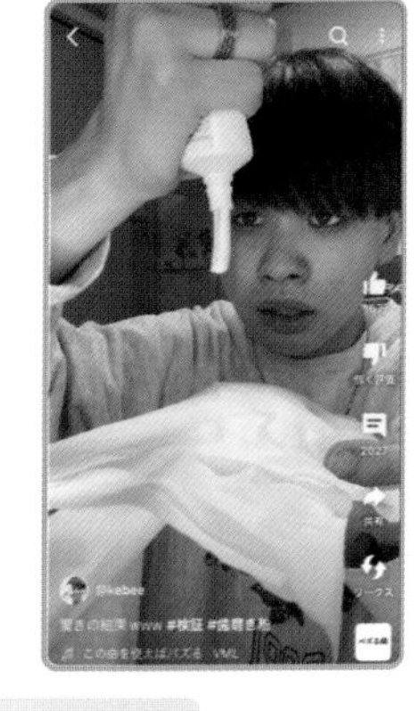

02 スピード感とオチを重視した動画作り

ショート動画のネタ探しはどうしている?

SNSを何時間も見て、自分が一番ワクワクしたり気になったりした動画からヒントを得てネタを作っています。

台本の作成や構成で工夫している点は?

ショート動画を撮る時は構成だけ軽く頭の中で考えていますが、台本などはありません。決まったセリフはないので、起承転結のわかりやすい構成にすることだけ考えています。

ショート動画を撮影する時の工夫点は?

数秒ごとにアングルを変えて、見ていて飽きない構成にしています。引きの画と寄りの画も使い分けて、注目してほしい部分をわかりやすくしています。

大胆にアングルを変えた例です。歯磨き粉を混ぜるシーンでは他にもさまざまなカットを挟んでいます。

CapCutでこのように動画を拡大したい時は、動画クリップを「分割」し、「ベーシック」→「スケール」で拡大します(詳細はP.105)。

注目してほしい部分は、動画を拡大しています。

ショート動画を編集する際の工夫点は？

画像やエフェクトを入れることによってテンポの速い動画にし、テロップや効果音をこまめに入れて、視聴者に離脱されにくい構成で作っています。

一番重要にしているのはカットで、0.1秒レベルでこだわって編集しています。少しでも話し方に違和感があったり、間が延びたりしている部分は全てカットし、無駄なシーンが一切ないように心がけています。

P.159で、工程が長い退屈なシーンや動画内の無音をカットしてテンポよくする「ジャンプカット（ジェットカット）」のテクニックを紹介しています。

実際のCapCutの編集画面

↑「テキスト」編集

↑「オーディオ」編集

Vlog形式で一日のできごとを紹介しています。

「テキスト」編集画面では、話している言葉全てにテロップをつけています。

ナレーションを録音したクリップは、細かく間を詰めています。

こまめにSEを入れ、突っ込みどころではBGMをカットしています。

←「最後のうそやんwwww」

「タイトル」で工夫していることは？

動画の途中で離脱されにくいように、動画の最後が一番気になるタイトルにするようにしています。

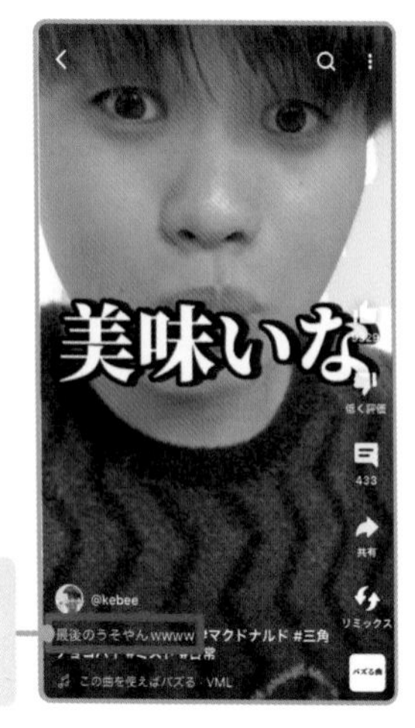

タイトルは「最後〇〇」や「〇〇したら」などといった形式にしています。

ショート動画と従来の横型動画で編集の仕方や心がけている点に違いはある？

ショート動画はオチまでのスピード感や新規の方にも楽しんでもらいやすい内容にしていて、横型動画は、より自分という人間を出して、知ってもらえるような構成にしています。

ショート動画がバズったきっかけになったのはどんなことだった？

検証動画を流行りの音楽に乗せて音ハメしながら投稿し始めたのがバズったきっかけです。

フォロワーが増えたきっかけはあった？

ショート動画内でもしっかり登録してほしいと視聴者に呼びかけるようになってから、増えるようになりました。

↑
「ラスト見逃すなwwww」

海外で紹介されたキウイ飴の作り方を検証した動画です。

03 等身大の自分を好きになってもらえるように

再生回数を伸ばすためにしていることは？

多くの人が気になるけどわざわざやらないことを扱い、ついつい最後まで見てしまう構成や編集にすることを心がけています。

視聴者との関わり方について心がけていることは？

視聴者に期待させないことを心がけています。どこまでいっても僕は普通の人間で、特別面白いわけでもなく、めっちゃいい人でもないので、ありのままの等身大の自分を見せて視聴者に好きになってもらえるようにしています。

SNSを利用したショート動画の共有方法について、実践していることは？

その動画を見たいと思ってもらえる画像と一緒に共有することが多いです。ただ共有するのではなく、自分のイチオシシーンと共に共有しています。

ショート動画を始めてから何か変化を感じた？

自分が思っている以上にいろんな人に動画が届いていて、その人の日常に僕の動画があるのだと、世界の広さを再認識しました。

自分の活動の中でショート動画をどう活用している？

ショート動画は自分を知ってもらう最初の入口だと思っていて、認知度を拡大するために活用しています。

読者へのメッセージ

ここまで長い文章を読んでいただきありがとうございます。ショート動画を始めてから僕自身の人生は180°変わっていて、それに関する工夫や気づきを皆さんに共有できたことがすごく嬉しいです。今回僕が答えたことが何か皆さんの人生のヒントになったり、やる気が出るきっかけになったりすれば嬉しいです。今後もまたバカなことやっているな程度に僕の動画を見ていただけると嬉しいです。僕の動画を見ている間だけでも、皆さんの悩みや疲れがなくなりますように！

ユーモアと疾走感あふれるアクション動画

和泉朝陽のわくわくぱ～く

TikTok

Instagram

YouTube

▶ プロフィール

身体を使った、面白く楽しい動画をアップロードしています。逆再生、ママチャリでのスタント、モノマネ、コントなどジャンルはさまざまですが、主に体を張ったアクションのある動画を制作しています。YouTubeショートにアップされた動画の多くが30秒未満になっており、他のクリエイターさんたちよりもかなり短い動画を投稿しています。チャンネルは、和泉朝陽（回答者）と昆布の２名で運営中です。

01 アクション撮影は安全第一でしっかりと計画!

投稿したショート動画の中で「一番バズった」と感じたものは？

「【モノマネ】スシローのCMの寿司。」です。

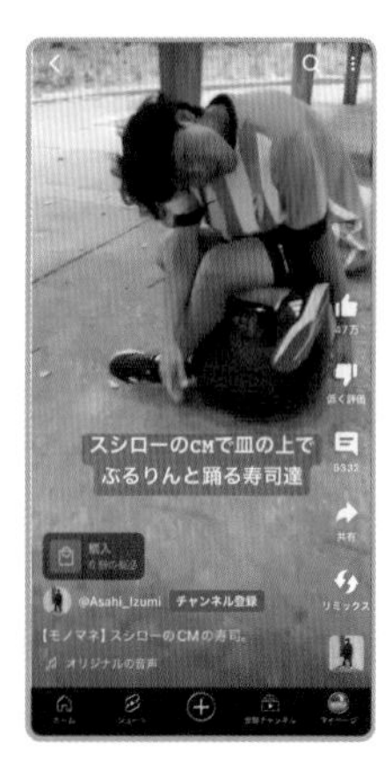

回転寿司チェーン、スシローのCMの寿司ネタになりきったモノマネ動画です。

← 「【モノマネ】スシローのCMの寿司。」

ショート動画の
ネタ探しはどうしている？

ネタを意識的にリサーチすることはあまりありません。日常生活の中でネタを考案するというよりは、脳内の妄想やイメージに頼ることが多いです。アンテナを立てて意識的に探すというよりも、自分のイメージに敏感になるような感じです。何かを感じたり思いついたりしたら逃さないように毎秒意識します！

いろんな感情を覚えると、自分の中の引き出しが増えると考えています。ネタ探しのコツというのかわかりませんが、常に何かを感じられるようにするとよいと思います。

台本の作成や構成で
工夫している点は？

5秒の動画であっても演者とカメラの動き方、顔の角度、狙う表情、など細かく決めています。これは面白くするためでもありますが、安全のためでもあります。基本的にスタントやアクションの撮影はリハーサル通りにならないので、撮影前の時点で細かく調整して最悪の事態を回避することが私たちにとっては大事です。

02 編集はこだわりながらもシンプルに

ショート動画を撮影する時の
工夫点は？

第一に、演者とカメラ（撮影者）の位置関係や動きをお互いが把握しておくこと。第二に、安全だと確信してから撮影に入ること。そして第三に、危険だと感じたらどんなに面白くても、やめるか代替案を考えること。私がいつも意識していることは、この3つです。

ショート動画を
編集する際の工夫点は？

私たちのショート動画の多くは、出っぱなしのテロップとBGMのみの編集です。

BGMは、なるべく映像のテンポ感やテーマに合っていて、選曲の意外性も感じられる音源を使用します。映像の大きな動きに対して曲の盛り上がりを当て、音ハメが決められるならそこも狙います。パソコンの編集でBGMや効果音を入れる際には、メイン素材との音量のバランスを忘れずに調整します。

テロップは、なるべく2行に収め、使う単語はわかりやすくしています。トゲのある言葉や一般的に使用されない表現も混ぜてみるようにしています。テキストを配置する場所は、見せたい部分や顔に被らないよう、撮影時点からある程度想定しておき、映像の中で最も切り捨てていい部分を探りテキストを配置しています。テキストの背景色や不透明度は、映像を見せたいのか、文章を読ませたいのか、どこを見せたいのかを考えて選択します。パソコンの編集でテロップを演者の喋りに合わせて入れる場合は、タイミングをしっかり合わせるようにしています。少しでもズレていると、仕上がりが安っぽくなってしまうからです。テロップを出したり消したりするときのタイミングや形は、なるべく単純なものにします。

また、パソコンを使用して編集する場合には、パソコンで見た時のサイズ感とスマホで見た時のサイズ感が違うということを、頭の片隅に入れるようにしています。クロマキー素材を使う際は丁寧に抜き出すようにし、欲しい素材が見つからなければ、作れる範囲で作ります。エフェクトやトランジション効果を挿入する場合はデフォルトのままではなく、効果の強さなどを一度調整するようにしています。

CapCutを利用して曲と動画を合わせる方法はP.137、テキスト位置についてはP.106、クロマキー合成についてはP.174で解説を行っています。自分の動画に採用する際の参考にしてみましょう。

「タイトル」で工夫していることは？

TikTokとYouTubeショートで文字数の制限が違うため、動画に貼るテキストは文言に差があります。YouTubeショートのタイトルは、サムネイルに入っているテロップと違う言葉を使用して少し情報を増やすようにしています。

ショート動画と従来の横型動画で編集の仕方や心がけている点に違いはある？

ショート動画の場合は、編集でうるさくしすぎると情報量が多すぎて見づらいので、なるべく単純な編集を心がけています。

しっかりと狙いのある編集をしていれば、縦横関係なく動画ごとに編集に差は出ると思いますが、テロップの位置だけは縦横で視聴者側の視線を考えて配置するように心がけています。

03 オリジナリティと視聴者の求めるものを両立させる

再生回数を伸ばすためにしていることは？

オリジナリティのあるコンテンツを制作することを心がけています。音源も流行りの曲をただ乗せるだけにはならないようにしています。

また、「再生回数」という点だけでいえば、極端に短い尺の中で目を惹くことをして、再視聴につなげるという狙いもあります。

投稿プラットフォームの使い分けはしている？

TikTokはYouTubeショートに比べて「危険行為」のアラートが出やすくなっています。そのため、TikTokが危険と判断しそうな動画は、TikTokへのアップロードを避けています。

視聴者との関わり方について心がけていることは？

「和泉朝陽のわくわくぱ～く」は、和泉朝陽と昆布の2人で運営しております。私（和泉朝陽）はコメント欄に没頭しすぎないようにし、オリジナリティを担保するようにしています。逆に昆布はコメント欄を全て読み、視聴者の求めるコンテンツを探っています。そうすることで、全体のバランスが取れていると感じています。

撮影機材/編集アプリ

撮影：iPhone 15 Pro Max、iPhone 13 Pro、ソニーα7S III（フルサイズミラーレス一眼カメラ）
編集：Final Cut Pro、Adobe Premiere Pro、CapCut、YouTubeショートの編集機能、TikTokの編集機能

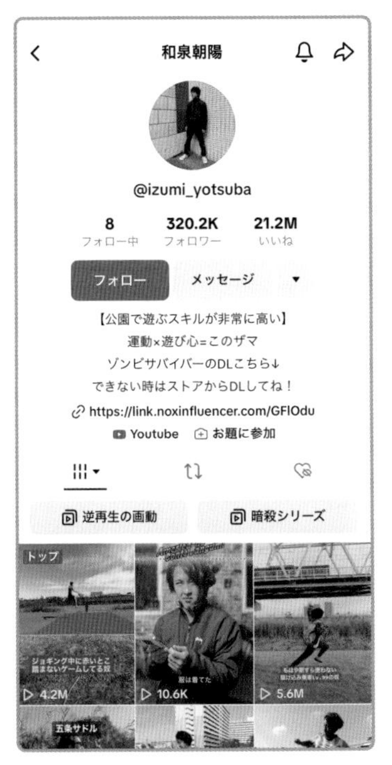

↑ TikTokアカウント

↑ Instagramアカウント

↑ YouTubeアカウント

読者へのメッセージ

映像制作というのは、準備して、撮影して、編集してと、面倒くさいことのオンパレードです。時には妥協も必要ですが、なるべく几帳面に作業を進めていく方が今後のためになるような気がします。特に編集作業は、初めはわからないことが多すぎて画面を見るのも億劫になると思います。しかしやることは単純なので、すぐに慣れます。そうすれば後は、納得できないことに耐え、才能のなさを嘆き、質と量のバランスに戸惑いながらも、やめずに頑張ってみましょう！　いつか「上手くいった」と感じることがきっとあると思います！！

動画の背景を別の映像に合成しよう

見本動画

https://www.youtube.com/shorts/hIGLwo8hJKM

緑色のスクリーンを背景に撮影し、編集で緑色の部分に背景映像を合成する「クロマキー合成（グリーンバック合成）」が背景合成でよく利用されます。CapCutには、クロマキー合成のほかに、背景を自動で認識して透明にできる機能も備わっています。

01 クロマキー合成をする

背景用の画像や動画素材を読み込みます

1 「新しいプロジェクト」を作成し、背景用の画像や動画素材を追加します。ここでは、「SamplePhoto_001」を使用します。

2 「オーバーレイ」をタップします。

「はめ込み合成を追加」をタップします

「はめ込み合成を追加」をタップします。

◎ グリーンバックで撮影した動画を選択します

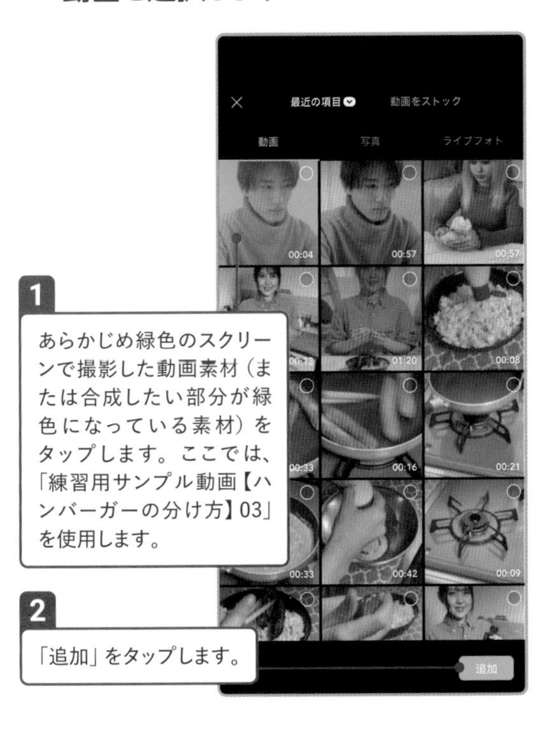

◎ グリーンバック素材の大きさを調整します

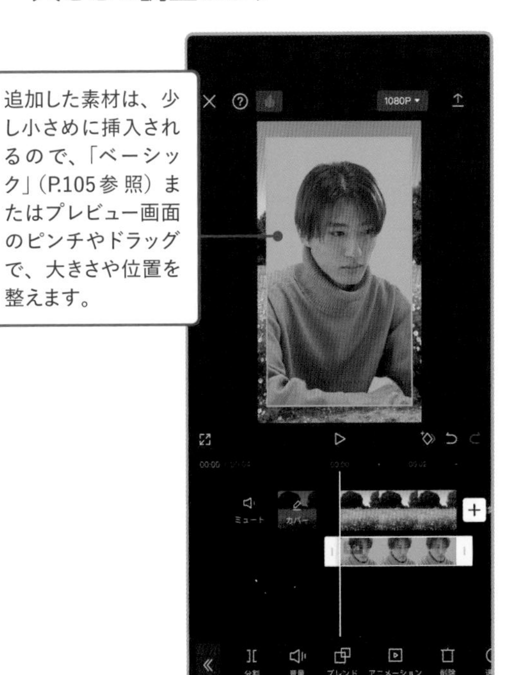

◎「背景を削除」をタップします

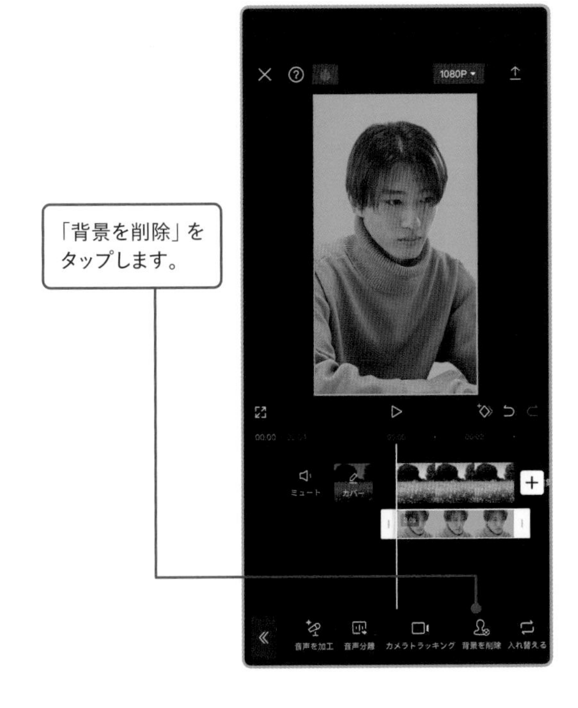

◎「クロマキー」をタップします

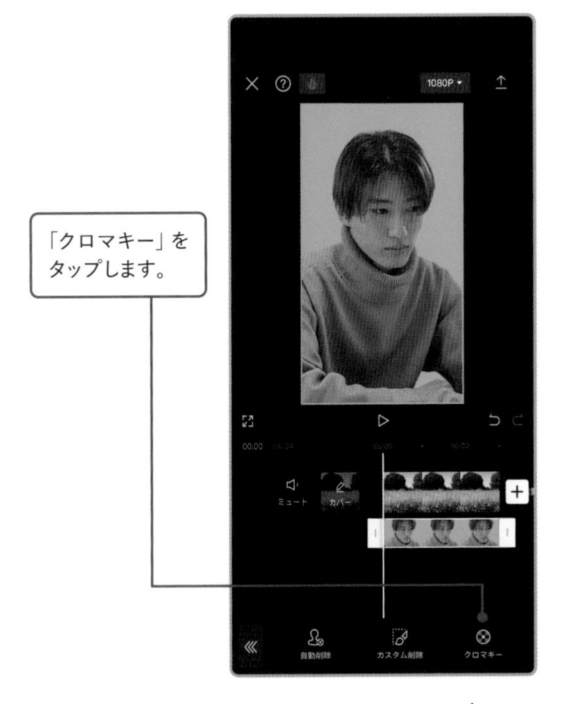

カラーピッカーを背景に移動します

1 カラーピッカーの円をドラッグし、背景の位置までドラッグします。

2 「濃度」をタップします。

背景を削除します

1 スライダーを右にスライドし、背景が消える位置に調整します。

2 ✓をタップします。

02 動画の背景を自動的に削除する

背景を透明にしたい動画を追加します

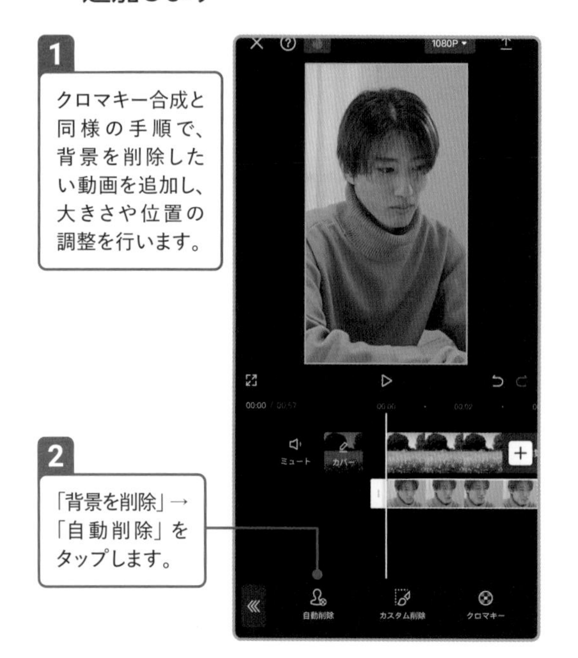

1 クロマキー合成と同様の手順で、背景を削除したい動画を追加し、大きさや位置の調整を行います。

2 「背景を削除」→「自動削除」をタップします。

背景が削除されます

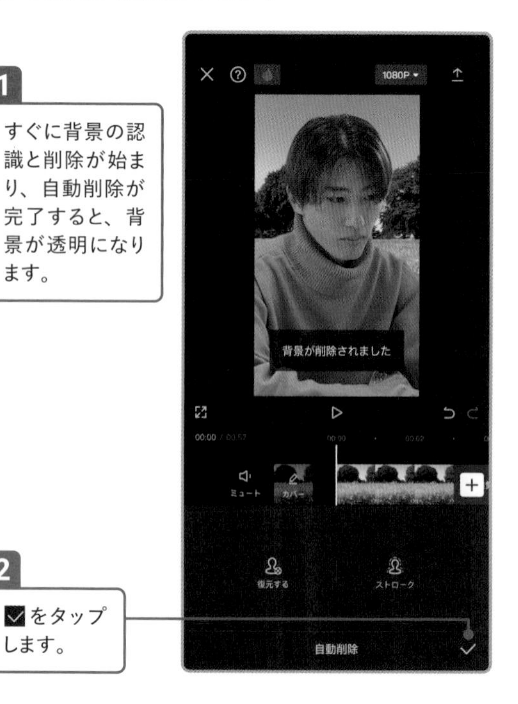

1 すぐに背景の認識と削除が始まり、自動削除が完了すると、背景が透明になります。

2 ✓をタップします。

お寿司の知識やマナーをプロが紹介！

鮨屋のまさる🍣Masaru

▶ プロフィール

2023年3月にチャンネルを開設して、約半年で総フォロワー数10万人を突破！
「寿司屋という仕事を通じて世界を幸せにする」ことを目的に発信しています。
【鮨屋のまさる】というコンテンツは、普段は客単価13,000円を超える高級鮨店の大将が、高級店特有の「体裁をよく見せるようなこと」や、「あえて敷居を上げていくようなこと」はせず、真面目で穏やかな「大将まさる」とちょっと天然でドジな「弟子たくみ」がお寿司にまつわる雑学やお寿司屋さんでのマナーなどを発信しています。
ショート動画を見てくれた方を対象に、オフラインでイベント企画なども行っています！

チャンネルを運営されている能登匠さん（以下能登）と、株式会社iceDOG 代表プロデューサーのタケルさん（以下タケル）にご回答いただきました。

01 飲食店でもSNSでの発信が欠かせない時代！

ショート動画制作を始めたきっかけは？

能登：今の時代、飲食店においてSNSのコンテンツを構築しないことは、絶対にありえないことです。自分たちも2022年までにInstagramをはじめ、YouTube、TikTokなどで日々継続して発信していました。ありがたいことに、長尺の動画を通じて当店「江戸前鮨 日ノ出茶屋 横浜」にご来店いただくこともどんどん増えてきましたが、飲食店の仕事をこなしながら動画の企画、撮影、編集などのクリエイターとしての業務を続けることが次第に厳しくなってきていました。

また、自分自身も長尺動画を見続けるというよりは、情報量が詰まったショート動画で勉強することや楽しむことが圧倒的に増えていることに気づき、「もしかしたらショート動画の方が世の中の方に受け入れられているのでは？」と考えました。

ショート動画というのはボーっと見ているので、「この動画を見よう！」と興味があって見てもらうような顕在層ではなく、とりあえず流れてくるものを見る潜在層を獲得していくことに特化しています。そのため、みんなが大好きなおいしそうなお寿司が出ているコンテンツは基本強いと考えていたので、少しの工夫で一気にシェアされるコンテンツを作れると確信がありました。

まずは僕たちのことをみんなが知っているという状況をショート動画で構築していこうと考え、以前から知り合いだったショート動画クリエイターのタケル君とタッグを組みました。

投稿したショート動画の中で「一番バズった」と感じたものは？

「鮨屋で貝を叩く理由」です。

「鮨屋で貝を提供する際に、貝を叩くのはどうして？」という疑問に答えている内容の動画です。

お客さんの「これってなんで叩いてるんですか？」という質問に大将が答えようとしますが…。

横から弟子が乱入！　結局大将が理由を教えてくれます。

お客さんが醤油を付ける時のお寿司の持ち方を聞くと、弟子が教えてくれましたが…。

お客さんのお寿司を弟子が食べてしまいました！

←「鮨屋で貝を叩く理由」

Check 撮影機材/編集アプリ

撮影：iPhone 15 Pro、ソニー α 7S III（フルサイズミラーレス一眼カメラ）
その他の撮影機材：
ピンマイクや照明も時々使用します。
編集：Adobe Premiere Pro

02 共感を呼ぶ「あるある」なシーン作り

ショート動画のネタ探しはどうしている？

能登：みんなが気になっていることという視点から、Googleサジェストやいただいたコメントからヒントを得ることが多いです。
タケル：正直に言うと、思いつきが多いです（笑）。しっかりとリサーチしてから作ることもありますが、自分自身が面白いと思った内容を閃くことが割と多いです。

台本の作成や構成で工夫している点は？

タケル：全ての動画で台本を作成しています。基本的に撮影時にメイン演者の2人に演技指導をしていますが、弟子たくみさんが撮影時に新たなアイデアなどで表情や展開を作ることもあります（笑）。

ショート動画を編集する際の工夫点は？

タケル：「あり得そうなシーン」を意識しているため、あえてワンカットで撮影して、そのまま使用することが多いです。カットする必要がある動画の時は、必要以上に1シーンを使わないようにジャンプカットすることが多いです。

CapCutでジャンプカット（ジェットカット）する方法はP.159で解説しています。

ショート動画を撮影する時の工夫点は？

タケル：お寿司が美味しく見える距離と角度で撮影し、演者の2人には表情と動きに緩急をつけてもらいながら撮影しています。

困り顔、笑顔など、表情に緩急をつけて、変化のある動画にしています。

再生回数を伸ばすためにしていることは？

タケル：まずはショート動画を作るうえで欠かせない冒頭のインパクト、テンポ感を意識しています。それ以外には、何気ない疑問や共感をわかりやすく入れたり、「美味しそう」と思わせる食へのアプローチをしたり、そしてクスッと笑ってしまうような人間らしさを取り入れたりすることを常に意識して作成しています。

03 「等身大」の自分たちを大切にしています!

ショート動画がバズったきっかけになったのはどんなことだった?

能登：ありがたいことに一本目の動画から数百万回再生を超えるバズり方をしてくれ、フォロワーも一気に増えていきました。

投稿プラットフォームの使い分けはしている?

タケル：基本的な動画の構成はTikTokへの投稿を意識して制作しており、その他のプラットフォームへも同じ動画を投稿しています。
能登：細やかなことですが、Instagramだけはハッシュタグをかなり選定してつけていました。

視聴者との関わり方について心がけていることは?

能登：視聴者とはいつも通り接しています。僕たちは別にユーチューバーでもなければ有名人でもないです。お店に来てくれているお客様や、日々お付き合いさせていただいている方々と変わらない「等身大」です。

それから、一緒に楽しみながらお寿司が食べられるイベントを定期的に作ることを心がけています。やはり一緒に何かをやることでコアなファン化も進みますし、視聴者も「次はどんなことをやるのかな?」と期待をして僕たちのことを気にしていただけると考えています。

コメント欄には、動画で伝えきれていないことを書きます。その際の工夫として、質問形式にして視聴者にコメントを入れてもらえるようにしています。また、アンチコメントを書いてくれる人にも、積極的に絡みにいくようにしています。

SNSを利用したショート動画の共有方法について、実践していることは?

能登：正直なところ、まだまだシェア戦略は弱いと感じています。

現在は他のクリエイターさんの動画でメンションしてもらった方のところへ飛んでいきしっかりコメントを返すなど、直接的なシェアではないですがメンションすると来るイメージを持ってもらい、視聴者に積極的にメンションしてもらえるような関係性を作っていきたいと考えています。

それから、ミーム動画を撮影してのシェア戦略も検討しています。

Check ミームとは?

「ミーム (meme)」は、面白い動画や画像がインターネット上で拡散されていく様子を指します。ウケ狙いでもとになった動画や画像に表現を足したり、台詞を変えたり、ジョークを加えたりしたものが多く、「広く拡散されたネタ動画/画像」といった意味合いが強いです。ミームとなった動画を「ミーム動画」と呼んだり、もとの作品よりもミーム化されたネタ動画が先に頭に浮かぶ現象を「ミーム汚染」と呼んだりすることもあります。

ショート動画を始めてから何か変化を感じた？

能登：単純に自分たちのことや当店「日ノ出茶屋」のことを知っているという方が一気に増えました。「横浜で人気の日ノ出茶屋に来てみたら、あの人たちだった！」などの反応がかなり増えています。

自分たちは人気者になりたくて「鮨屋のまさる」というコンテンツを作っているのではなく、「鮨屋という仕事を通じて世界を幸せにする」という目標が根底にあります。ありがたいことに再生回数が伸びていくにつれて、コンテンツのボリュームが厚くなってくると、自分たちのビジネスがやりやすくなります。

いろいろな業種の方からお声掛けをいただくことも増え、自分たちのビジネスの幅が一気に増えてきました。狙い通りです。

自分の活動の中でショート動画をどう活用している？

能登：ショート動画を通じて「日ノ出茶屋」ファンを増やすというよりは、「大将まさる」「弟子たくみ」個人を応援していただけるようなビジョンを描いています。

また、現在構築を進めている「スクール」や「漫画化」などの発信も今後やっていきます。構想中の内容に関する動画を作るにあたって伝えたいことや、動画以外の活動に視聴者を誘導するための企画をタケル君とすり合わせながら、ショート動画の企画を作ってもらっています。

読者へのメッセージ

能登：お付き合いいただきありがとうございます。この本を読んでいる方はかなりSNSや動画制作などに精通した方が多いのではと考えております。しかし、その中でもまだこれから最初の一歩を踏み出すという方もいらっしゃると思います。なので、そんな方々に。ただバズることだけを考えずに、コンテンツを通じて何を伝えて、その後どう変わっていくか？　をしっかり明確にしてから取り組んでいきましょう！　そして困ったらタケル君のところに行けば何とかなります（笑）。応援しています。

タケル：最後までお付き合いいただき、ありがとうございます！　ショート動画には誰にでも人生を変えられるチャンスがあると思います。大将まさるさん、弟子たくみさんのように個性や強みを活かして動画制作をすれば、見える景色が変わってくると思います。

そしてクリエイターになるうえでは、ただバズるだけではなく明確な目的を持ち、中身のあるコンテンツを作っていくことも大事です。SNSであなたの個性や強みを最大限に発揮し、視聴者とのつながりを大切にしていけば、きっと素晴らしい景色が待っています。応援しています！

包丁を究極の切れ味に仕上げるASMR

研師Ryota

▶ プロフィール

大阪 堺の包丁研師。研ぎ動画クリエイター。切れ味の悪い包丁を究極の切れ味の包丁に研ぐBefore／Afterや、究極の切れ味による食材の極薄切りなどのスゴ技を、ASMR（聴覚や視覚への刺激によって得られるゾクゾクとした感覚や心地よい感覚のこと）要素を取り入れたショート動画にして投稿し、包丁研ぎの楽しさや重要性を世界中の人々に伝えています。リゾートホテルの日本料理店の元料理人。通算包丁研ぎ本数は50,000本以上。

01 画にも音にもこだわり、世界中の人気を獲得!

ショート動画制作を始めたきっかけは?

包丁研ぎの楽しさを世界中の人たちに伝えたいと思ったことがきっかけです。

投稿したショート動画の中で「一番バズった」と感じたものは?

①「【極薄BCTサンド】🥓🥬🍅🍞～Ultra-thin BCT sandwich～」
②「トマトが切れなかったので天然砥石で研ぎ直す🔪」

ショート動画のネタ探しはどうしている?

日々の料理や買い物、動画の視聴をしている時に、これが切れたらスゴそうだなと思うものや、極薄切りと組み合わせたら面白そうだと思う料理を探しています。

台本の作成や構成で工夫している点は?

ショート動画は基本的に極薄切りのテンプレートや研ぎBefore／Afterのテンプレートを決めて制作しています。

ショート動画を撮影する時の工夫点は?

食材のシズル感や切っている包丁の映像が美しく見えるように、ライティングを半逆光（被写体の後方斜め45度の場所から光を当てる手法）にしています。また、動画の色味を綺麗に編集できるようにLogで撮影しています。

↑ ①「【極薄BCTサンド】～Ultra-thin BCT sandwich～」

パンや具材を極薄にスライスしてBLTサンドを作った動画です。切っている時の音をASMRとして楽しんでもらえるように入れているので、いかに包丁の切れ味がいいかよく伝わると思います。

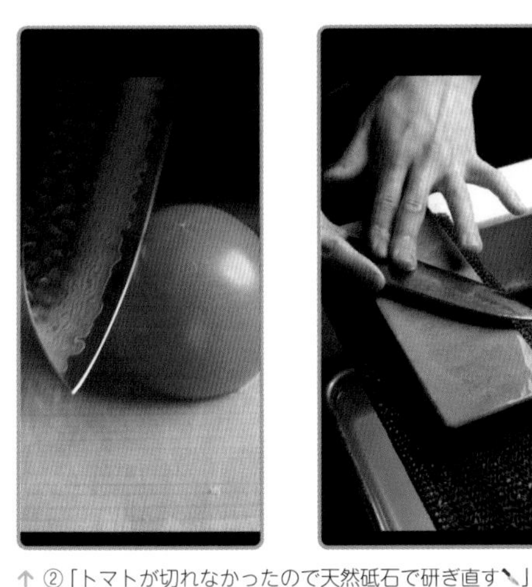

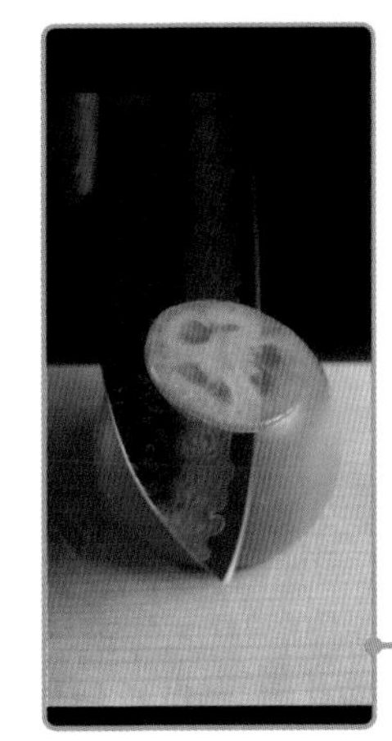

↑ ②「トマトが切れなかったので天然砥石で研ぎ直す」

切れ味の落ちてしまった包丁を研ぎ直した動画です。トマトを使って切れ味のBefore／Afterを表現しています。

ショート動画を編集する際の工夫点は？

食材を切っているところ以外のワンカットの長さは、動画が間延びしないように短くテンポよくカットしています。また、食材を切っている時の音や研いでいる時の音を特に大事にしているので、BGMやSEなどは入れていないです。また、世界中の人々に伝えられるように非言語で動画を作っています。動画の色味は少しシネマティックになるように工夫しています。

Check Log撮影とは

Log撮影とは、カラーデータが失われない撮影方法のことです。iPhoneでは、iPhone 15 Pro/Pro Maxのみ対応しています。iPhone 15 Pro/Pro MaxでLog撮影をする時は、「設定」アプリから「カメラ」→「フォーマット」をタップし、「Apple ProRes」をオンにして、「ProResエンコーディング」を「Log」に変更します。

「タイトル」で工夫していることは？

短くわかりやすいタイトルをつけるようにしています。また、海外の視聴者のために日本語と英語でタイトルをつけるようにしています。

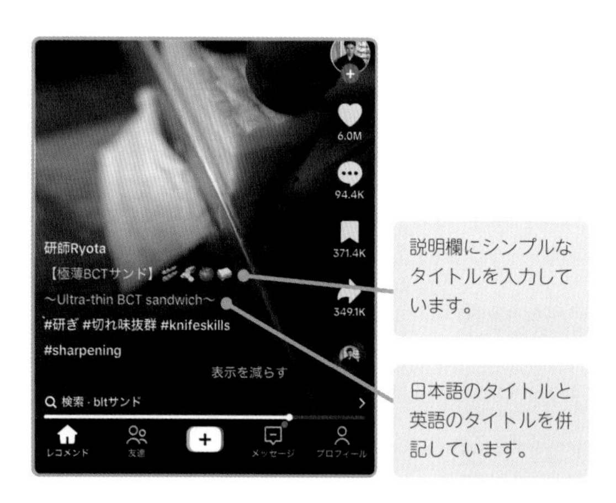

再現Hint 英語のタイトルを簡単につける

翻訳サイトなどを利用すると、日本語のタイトルをそのまま英語にできますが、よりシンプルで動画の雰囲気に合った文体にしたい時は、「ChatGPT」などの生成AIも活用してみましょう。プロンプト次第でユニークなタイトルを複数提案してもらうことも可能です。

ショート動画と従来の横型動画で編集の仕方や心がけている点に違いはある？

ショート動画は、誰にでも目を留めてもらえるような動画作りを心がけています。横型動画は別アカウントですがレクチャーや包丁の知識の動画を制作しています。

再現Hint CapCutで動画の色味をシネマティックにする

「CapCut」アプリで動画の色味を変更する方法には「調整」機能（P.064参照）から手動で設定する方法もありますが、シネマティックな画面作りをしたい時は「フィルター」機能（P.062参照）を活用するのが、簡単でおすすめです。「映画」ジャンルのフィルターが特におすすめですが、「レトロ」や「ドラマ」、「白黒」でも雰囲気のある画が作れます。

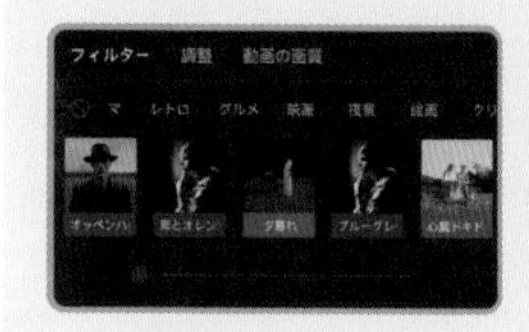

↑「映画」ジャンル

↑「レトロ」ジャンル

02 専門的なコンテンツはSNSを活用して発信！

ショート動画がバズったきっかけになったのはどんなことだった？

特にきっかけはありませんが、動画の質をよくしながら定期的にコツコツ動画作りをしていたことがバズった理由だと思います。

再生回数を伸ばすためにしていることは？

定期的に投稿している中で伸びやすい動画とあまり伸びない動画があり、何が伸びやすい要素かを考え、その伸びやすい要素を取り入れた動画だけを集中的に作るようにしました。私の動画の場合、伸びやすい要素の具体例は、トマトを極薄切りにしたり、食パンをギコギコせずに切ったりといった、コメントなどの反応が多いものになります。

投稿プラットフォームの使い分けはしている？

最近では、TikTokは1分以上、YouTubeショートでは15～30秒程度の尺を意識しています。Instagramには少し専門性の高いストーリーズなども投稿しています。YouTube（長尺）は特に専門性が高い投稿になります。

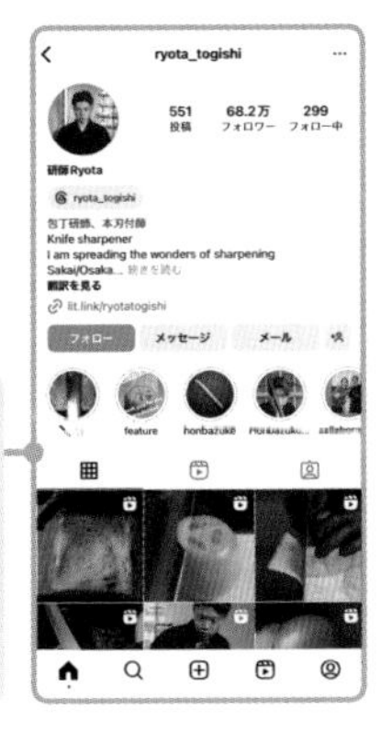

Instagramのストーリーズ機能は不特定多数に向けたリールに比べて、フォロワーを重視した投稿ができます。動画にするか悩む内容や、専門的な内容を投稿する場として活用することも可能です。

視聴者との関わり方について心がけていることは？

視聴者との関わり方は現在試行錯誤中です。具体的には、実際にお会いして視聴者さんの包丁を研ぐ場を作ることを検討中です。

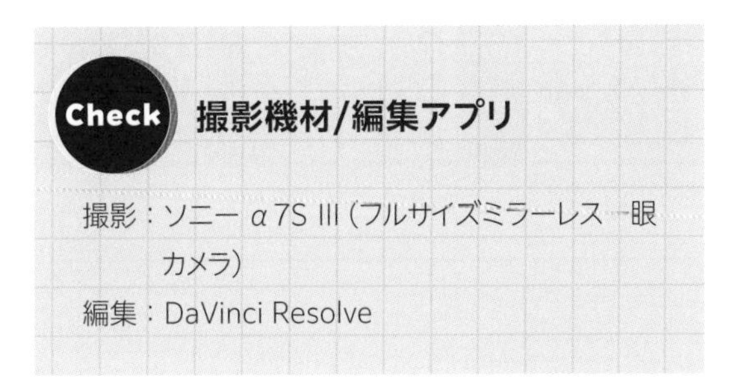

Check 撮影機材/編集アプリ

撮影：ソニー α7S III（フルサイズミラーレス一眼カメラ）

編集：DaVinci Resolve

ショート動画を始めてから何か変化を感じた？

研師Ryotaに包丁を研いでもらいたいと仰っていただける方が増えたと感じています。

自分の活動の中でショート動画をどう活用している？

包丁研ぎの楽しさや重要性を知っていただくきっかけ作りとして活用しています。

↑ TikTokアカウント

↑ Instagramアカウント

↑ YouTubeアカウント

読者へのメッセージ

今回のこのインタビューが少しでも多くの方々の動画作りの参考になれば幸いです。ショート動画に限ったことではありませんが、試行錯誤しながらコツコツと定期的に動画投稿をしていくことが大事だと思います。私は包丁研ぎや極薄切りなどの動画作りにおいて、研いだり食材を切ったり、動画撮影、編集など全てにおいて楽しみながら日々取り組んでいます。皆さんもぜひ好きなことを見つけて楽しいショート動画を作ってください。皆さんが作ったショート動画を拝見することを楽しみにしています。

元中学校教員ならではの学校あるあるを発信

やんばるゼミ

TikTok

Instagram

YouTube

▶ プロフィール

YouTubeやTikTokで教育系動画コンテンツを発信している、やんばるゼミです。2022年3月にYouTubeを始めて、チャンネル登録者数が27万人（2024年2月時点）になりました。元中学校教員の経験を活かし、先生の本音や裏側を扱ったショート動画を制作しています。私たちは動画を通して、学生時代には気づきにくい先生から生徒への愛情を知っていただけたらと思っています。ぜひ見て下さい！

01 学校の先生の知られざる本音を語った動画が人気に！

ショート動画制作を始めたきっかけは？

ショート動画が「ここから来るぞ！」と直感で感じたからです。また、YouTubeの横型動画が伸び悩んでいたのも、ショート動画に移行しようと思った要因ではあると思います。

投稿したショート動画の中で「一番バズった」と感じたものは？

2023年10月22日に投稿した、「学校の先生の本当の本音」という動画です。2024年2月時点で790万回再生されており、たくさんの方に見ていただけて嬉しいです！

寸劇とナレーションで、生徒のための授業準備に時間をかけたいという教員の本音が語られています。

←「学校の先生の本当の本音」

ショート動画のネタ探しはどうしている?

やんばる先生が中学校の理科教員として5年間勤めていたので、その時に感じた気持ちや、教員経験から伝えたいことを動画にすることが多いです。あとは、動画のコメント欄やInstagram、X（旧Twitter）などで視聴者の方がたくさん質問をしてくれるので、それを動画にすることもあります。

台本の作成や構成で工夫している点は?

台本を考える時に一番大事にしていることは、どんな人が見ても内容がある程度理解できるようにすることです。また、やんばるゼミとして伝えたいことは何なのか、主義に沿った内容になっているかどうかも意識しています。

ショート動画を撮影する時の工夫点は?

細長い縦型の画面で表現するために、アングルや画角を工夫しています。ただアングルを変えるだけでなく、違和感のないスムーズな流れを意識しています。また演技では、教員経験のないメンバーが教員役をやったり、男が女装をしたり(笑)することもあるので、その役柄の人がどんな感情なのか、そのセリフにはどんな思いが込められているかを、監督のやんばる先生が演者に落とし込んで撮影しています。

ショート動画を編集する際の工夫点は?

1分間をいかに飽きさせず、視聴者のワクワクした状態を保つかを意識しています。そのために工夫しているのは「間」と「音感」です。間をなるべく切ることで、息つく間もない飽きない展開を作り、そのうえで、聞き心地のよい音のつながりを考えて間やセリフの長さ、単語数を調整しています。また、動画のイメージやテンポに合ったBGMを選定しています。

CapCutでジャンプカットをする方法は、P.159で解説しています。

セリフとナレーションをショート動画内で使い分けて、心地よい間と音を作っています。

セリフのある寸劇では、間を詰めたジャンプカットを用いています。

ナレーション部分でも映像はテンポよく進めています。

ナレーションは落ち着いた口調とテンポで話しています。

「タイトル」で工夫していることは？

ショート動画はタイトルを見て視聴する動画を選択するという習慣が少ないですが、興味を引くような、内容が気になるようなタイトルであることを心がけています。

「〜の本音」「〜の裏側」「〜に対して先生は…」といった、視聴者の興味を引くタイトルをつけています。

02 みんなの興味や疑問に答える動画作りを

ショート動画がバズったきっかけになったのはどんなことだった？

ショートドラマ風に出した1本目の動画「クラス替えのリアル」という動画が、バズりました。「クラス替えってどうやって行われているのだろう？」という、みんな一度は疑問に思ったことがある内容だったことが、興味を引いたのかなと思っています。

フォロワーが増えたきっかけはあった？

ショート動画を始めてから、ありがたいことにチャンネル登録者数も増えています。先生しかわからない情報を発信し始めてから、特にフォロワーが増えました。

誰もが一度は気になったことがあるであろう、クラス替えの裏側を語った動画です。

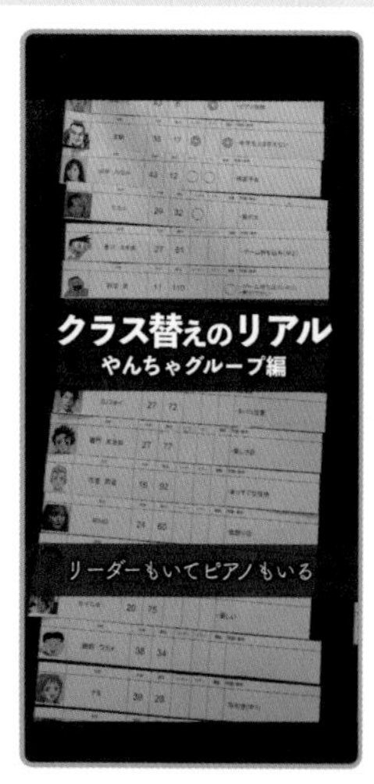

↑「クラス替えのリアル やんちゃグループ編」

撮影機材/編集アプリ

撮影：ソニー α7 III（フルサイズミラーレス一眼カメラ）×2台、iPhone（補助カメラとして）
編集：Final Cut Pro、Adobe Premiere Pro

再生回数を伸ばすためにしていることは？

再生数を伸ばすことだけにこだわってはいませんが、どれだけみんなが広く興味を持っている内容を選定するかが大事だと思います。また、コメントがしたくなる、友だちに共有したくなるような、視聴者の心を動かす動画であることも重要だと考えています。

投稿プラットフォームの使い分けはしている？

投稿する動画自体に大きな違いはありませんが、TikTokは10代や若い年齢層が多く、YouTubeショートはTikTokよりも少し上の世代が多いなど、プラットフォームによって視聴者の層が異なっているので、伸びる動画が違うこともあります。

ショート動画と従来の横型動画で編集の仕方や心がけている点に違いはある？

ショート動画は、広く知って興味を持ってもらうこと、横型長尺動画は、興味を持ってくれた人にもう一歩深く知ってもらうことを、それぞれ目的としています。やんばるゼミのショート動画では、それぞれいろいろな役柄を演じていますが、横型動画では、もっと僕たちのそのままの人間性が出るような内容にしています。

視聴者との関わり方について心がけていることは？

動画のコメント欄には、なるべく自由に感じたことを投稿してほしいので、コメントへの返信や固定コメントなどをすることはほとんどありません。動画を通して伝えたいことはもちろんありますが、それを視聴者に押し付けるのではなく、自由に受け取ってもらえるようなチャンネルでありたいと考えています。

感じたことを自由に投稿してもらえるように、コメントの固定（P.228参照）や返信はしていません。

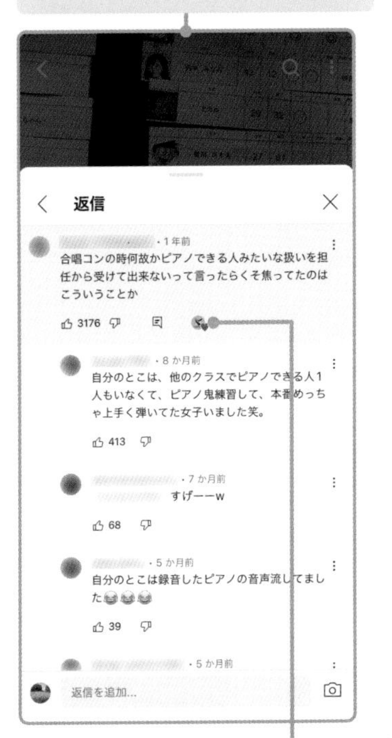

代わりにハートをつけて（P.157参照）、視聴者へのリアクションを両立させています。

ショート動画を始めてから何か変化を感じた？

認知の広がるスピードが速いなというのは、肌で感じています。また、コメントも気軽にしやすいので、横型動画よりもコメント欄が活発だなという印象です。

SNSを利用したショート動画の共有方法について、実践していることは？

これはプラットフォームによって少し異なります。例えばInstagramのフォロワーは、自分たちの人間性などにより興味があり、フォロワーとの距離が近いと思っているので、ストーリーズで撮影風景の動画や日頃の写真を投稿しています。X（旧Twitter）のフォロワーは学校の先生や教育に携わる大人の方が多いので、教育を助けたり、教育に意義があったりする内容を投稿しています。

自分の活動の中でショート動画をどう活用している？

ショート動画を通して、やんばるゼミの認知度が高くなることを第一に考えています。また、1分という短い尺なので、企画・構成・編集などで、いろいろなことを試しています。ちょっと構成を変えてみたり、いつもとは違う一風変わったテイストの企画をしてみたりと、試して、結果を見て、修正するというサイクルを速く回し、次の動画をよりよいものにしようとしています。

読者へのメッセージ

ショート動画は、とにかく動画をたくさん出すことが大切だと思っています。YouTubeもTikTokも出した動画に対して、視聴維持率や視聴者の年齢層など、たくさんのデータを取得することができます。私たちは日々そのデータをじっくり見て新たな動画を作っています。見てくださった方も一緒に楽しく動画を作っていきましょう！

↑ TikTokアカウント

↑ Instagramアカウント

↑ YouTubeアカウント

若者を中心に共感を呼ぶ「女子高生あるある」

古森もぐ

▶ プロフィール

自分自身の女子高生時代や教育実習時代の経験をもとにした女子高生のあるある動画を中心に、流行りや親近感を覚える冗談の動画を投稿しています。ダンボールで空を飛んだりメイド服で雪に飛び込んだりなど、体を張る動画も好きです。また、実の妹との姉妹動画も投稿しています。視聴者層としては、10代から20代の男女を中心にさまざまな方に見ていただいています。

01 夢に近づくために始めたショート動画

ショート動画制作を始めたきっかけは？

音楽活動をしたいという夢に少しでも近づくためにまず自分でできることは何かを考えた時、一番初めに思いついたのがショート動画でした。

投稿したショート動画の中で「一番バズった」と感じたものは？

海外のTikTok動画をリミックスした動画です（次ページ参照）。

02 シンプルかつリズミカルで飽きのこない編集

ショート動画のネタ探しはどうしている？

TikTokをたくさん見ます！　楽しいものをたくさん見て、気持ちがワクワクするものをたくさん探しています！　あと、「今みんなはどんなものを楽しんでいるのだろう？」「何が流行っているかな？」など、リサーチしています！

段ボールで空を飛ぶことにチャレンジする体を張った内容です。

← 一番バズったショート動画

海外のミーム動画（P.180参照）をリミックス（P.022参照）した動画です。

台本の作成や構成、ショート動画を編集する際の工夫点は？

　見てくれる人にとって見やすい動画にすることです！ ワンカットを短くしてシンプルにしています！　また、文字起こしをして簡単なテロップを入れています！

Check 撮影機材/編集アプリ

撮影　：iPhone 12
その他の撮影機材：三脚
編集　：CapCut

カットの例

カット中では適度な間を入れつつ、カットの終わりは素早く切り上げることでメリハリをつけています。

↑ クラスを間違えてしまった女子高生のあるあるを紹介する動画

テロップの例

シンプルな字幕を同じ位置に出しながら、映像と字幕をBGMのリズムに合わせて変えています。

↑ 登校する女子高生のあるあるを紹介する動画

再現Hint 同じアングルで撮影した動画

三脚を使って同じアングルで撮影した動画を、ジャンプカット（P.159参照）することで、上記のような動画が作れます。

CapCutで音楽に合わせて動画を編集する方法はP.113・137、同じテロップを複製する方法はP.048で解説しています。

03 「女子高生あるある」にジャンルを統一してヒット!

ショート動画と従来の横型動画で編集の仕方や心がけている点に違いはある？

動画編集が好きなので、ショート動画であまり編集できない分、横型動画の時はたくさん編集しています！

ショート動画がバズったきっかけになったのはどんなことだった？

教育実習で実際に間近で高校生の生活を見ながら、自分が学生だった時を思い出し、思いついたあるある動画を投稿したことです。

フォロワーが増えたきっかけはあった？

以前は投稿する動画のジャンルがバラバラだったのですが、女子高生のあるあるに統一したことで覚えてもらいやすくなり、動画を楽しんでくれる人が増えました！

ジャンルやフォーマットを統一し、視聴者に「〇〇の人」と覚えてもらうことは、有効な戦略です。

投稿プラットフォームの使い分けはしている？

投稿している動画は同じですが、以下のようにプラットフォームを使い分けています。

YouTube・TikTok：自分の作ったものを見せる場所！

Instagram：フォロワーとのコミュニケーションの場！

X（旧Twitter）：日々の出来事を文章で届ける場所！

視聴者との関わり方について心がけていることは？

「古森もぐ」として関わること！

SNSを利用したショート動画の共有方法について、実践していることは？

絶対に炎上しないこと。

読者へのメッセージ

この度は手を止めてこのページを読んでくださり、ありがとうございます！　古森もぐと申します！

私は心が折れそうになった時、インターネットに背中を押してもらいました！　なので、今度は私がみんなを後押しできるような活動者になりたいと思っています！

動画を見て楽しい気持ちになってもらえたら嬉しいです！

次はインターネットで会いましょう！

2歳の男の子の愛らしい日常を発信中

わーちゃん

▶ プロフィール

2021年5月生まれの男の子の日常を切り取ったアカウント。パパが撮影・編集を行っている。2023年2月にTikTokでの投稿を開始。開始2か月でフォロワー10万人を突破以降フォロワーが増え続け、2024年2月時点でフォロワーは110万人を突破している。ショート動画の総再生回数は10億回超え。Instagram（フォロワー37万人）やYouTube（チャンネル登録者数 10万人）でも投稿を行っている。

チャンネルを運営されているわーちゃんパパさんにご回答いただきました。

01 子どもの記録を見返せるように始めた動画投稿

ショート動画制作を始めたきっかけは？

スマホの写真フォルダに子どもの動画が溢れかえっていてどこに何があるかわからない状態だったので、楽しい瞬間や面白い瞬間を見返せるようにしようと思ってアカウントを開設しました。

投稿したショート動画の中で「一番バズった」と感じたものは？

一番バズったのは、バナナを出した時の子どものリアクションを撮影した「バナナサプライズ」シリーズ、通称「バナサプ」シリーズです。アップした当初から人気があり、通知が止まらなくなって、通知設定をオフにしたのを覚えています。このシリーズだけで累計1億回以上再生されています。また、「学校で流行っています」「職場でみんなで見ています」など、InstagramをはじめDMでたくさん反響をいただき嬉しかったです。

バナナを出した時のわーちゃんのリアクションを撮影した「バナナサプライズ」の動画です。海外からの再生やコメントもたくさんいただきました。

わーちゃんが登場するまでは2秒程度。長すぎず、導入としても成立します。

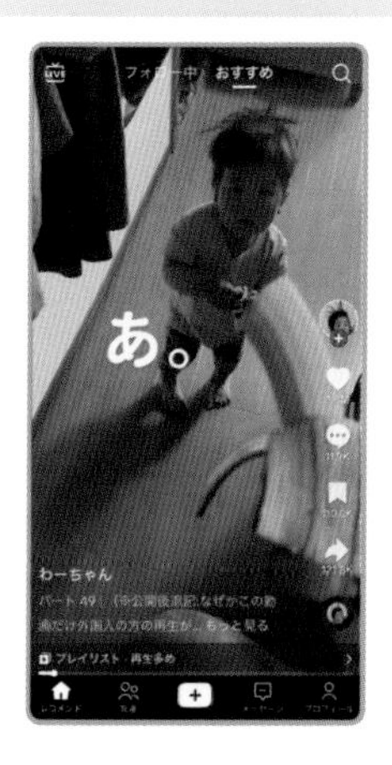

「バナナキタ！」というワードがSNSで話題になりました。

どこで再生を止めても被写体（わーちゃん）を邪魔しない位置にテロップが入っています。

← バナサプ（バナナサプライズ）

02 客観的な視点で、1つも違和感を残さない編集を!

ショート動画のネタ探しはどうしている?

「毎日起こること」や「起きそうなこと」を想像し、よきタイミングでカメラを回すようにしています。

台本の作成や構成で工夫している点は?

台本は作成していませんが、撮影しながらアウトプットを考えていることは多々あります。そうすることにより効率的に動画を作成していけるようになりました。

ショート動画を撮影する時の工夫点は?

アカウントごとにやり方はいろいろとあると思うのですが、「わーちゃん」のアカウントでは、子どもの自然な様子をアップしていますので、

①やらせは絶対になし
②もう1回やっては禁止（もう1回やっても面白くはならない）
③わーちゃんがやりたくないことはやらない

ということを大切にしています。

ショート動画を編集する際の工夫点は?

一番大事にしているのは「客観＝その動画を見ていられるか」というところです。カットするタイミング、テロップ、音など、違和感を1つも残さないつもりで編集し、編集完了後に何度も見返すようにしています。自分が見て感じる違和感は、もちろん視聴する方も感じると考えています。

ここで言う違和感というのは、例えば「なんか長いな」とか「音がバランス悪くて聞きづらいな」とか「文字が見にくくて内容が入ってこない」などマイナスのものです。フォロワーが増えてきて（ファンになってもらって）からであれば、「ミスってるなーw」で済む時もあるかもしれません。しかし、初見で違和感があ

るアカウントをフォローするでしょうか？　投稿初期はこの違和感をなくすという作業を全力で行っていました。

投稿を始めて半年までは、会社の同僚にほとんどの動画を厳しめにチェックしてもらい、「長い」や「見づらい」など意見をもらっていました。冷静に見てもらうことによって改善点がたくさんあることに気づき、その後の編集にも活きることになる感覚を養うことができました。

「サムネイル」で工夫していることは？

サムネイルは特にこだわっていませんが、見返す時に見やすいように、わかりやすいタイトルをつけるようにしています。

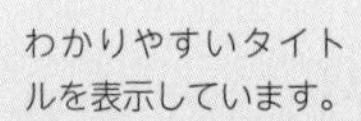

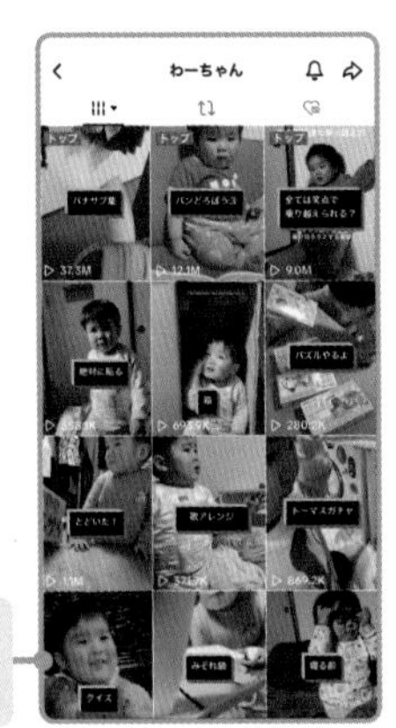

↑ TikTokのサムネイル

「タイトル」で工夫していることは？

ショート動画を見ている時、ほとんどの人はおそらく集中して見ていないと思います。飛ばされないようにするために、できるだけわかりやすく、できるだけ短くするように心がけています。よい意味での「違和感」も出すとよいのかもしれません。

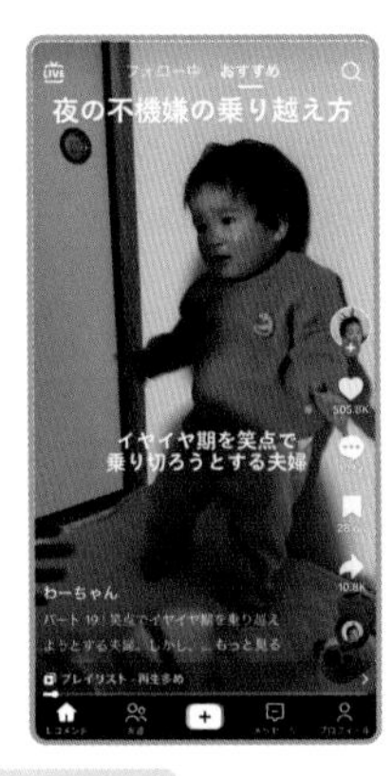

冒頭に動画の内容がわかるテロップを、2行程度で入れています。

Check 撮影機材/編集アプリ

撮影：iPhone 13 Pro、（記念動画など特別な時は ソニー α7S III（フルサイズミラーレス一眼カメラ））

編集：いくつかのアプリを使い分けています。TikTokの編集機能、CapCut、Adobe Premiere Pro、Adobe After Effectsの順に使用頻度が高いです。

◎ 記念動画の例

TikTokのフォロワーが90万人を突破した際の記念動画です。特別な動画であるため、普段使っているiPhoneではなくミラーレス一眼カメラで撮影しました。

03 「バナナキタ!」バズの秘訣はキャッチーなワード?

ショート動画がバズったきっかけになったのはどんなことだった?

最初にバズったのは「イヤイヤ期を笑点で乗り切ろうとする夫婦」という動画でした。投稿開始2週間目に出した動画で、10万回再生を突破しました。そこから徐々にフォロワーが増えていき、再生回数も伸びていったと記憶しています。動画投稿としては十数本目でした。

この動画以前のものと違った点は「笑点」という子どもアカウントとはミスマッチな話題が入ったことと、頭にタイトルを入れたところです。開始0秒で「笑点」という文字と、子どものビジュアルが目に飛び込むということが、再生に結びついたのかもしれません。

フォロワーが増えたきっかけはあった?

2023年2月から1日も欠かさずに投稿を続けてきたため、きっかけというきっかけはないのですが、「誰かにシェア(共有)したくなる動画」がバズった時にフォロワーがドンと増える気がしています。前述のバナナサプライズの動画で「バナナキタ!」というワードがあるのですが、これが結構キャッチーだったようで、SNS上で多くの共有※がありました。

1回の共有でも、例えばフォロワーがたくさんいる方がストーリーで発信してくれれば爆発的に広まります。一番増えた時期には、フォロワーが1日で10,000人以上増えた時もありました。

また、いくつか10万回再生を超える動画を出せたあたりで、Webニュースの記者さんから取材依頼が届き始めました。Yahoo!ニュースをはじめとするWebニュース(転載を含めると100サイト以上)や、テレビ番組などで紹介されましたが、これらが公開されるタイミングで普段よりフォロワーが増えている気がします。

※再投稿や知人へのLINEなどでの共有

↑「イヤイヤ期を笑点で乗り切ろうとする夫婦」

読者へのメッセージ

私はわーちゃんアカウントを作るまでSNSをあまり真剣にやってきたことがなかったのですが、ショート動画を始めてから約10か月で総フォロワー100万人を突破することができました。新たなつながりができたり、嬉しい出会いがあったりと、今ではSNSの力・可能性をめちゃくちゃ感じています。TikTokの動画の多くは片道30分の出勤時間、電車内で編集しています。スマホ1つあれば始められるショート動画、「ダメだったらやめればいい」くらいの気持ちで、ぜひ始めてみてください!

コスメ愛溢れるレビュー・メイク紹介動画

Seresa

TikTok

Instagram

YouTube

▶ プロフィール

美容学校卒の美容クリエイター。コスメ愛に溢れていて、かわいくなれるコスメを探求し発信中。リアルレビューが人気でコアなファンが多い。

01 なんとなく始めた動画投稿が大人気に!

ショート動画制作を始めたきっかけは?

友達と遊ぶよりもSNSを見る時間などの1人の時間の方が多かったので、特に「始めよう！」と意気込んだわけではなく、なんとなく作った動画をSNSで投稿してみようと思って始めました。もともとプライベート用のアカウントでは発信したことがありましたが、友達以外の人が見るアカウントでは初めてだったので「誰か見てくれたらいいなぁ」と思いながら、自己満で投稿した記憶があります。

投稿したショート動画の中で「一番バズった」と感じたものは?

①投稿したメイク動画の中で一番バズった動画

この動画は多くの人からメイクする前の目元を褒めていただいたのですが、もともとの目に関係なく、丁寧で綺麗なメイクに関して褒められたので嬉しかったです。

②投稿した全ての動画の中で特にバズった動画

私自身、昔からいろいろなカラーコンタクトレンズ（カラコン）を自分で試していたので、友達のカラコンの商品名を当てられるくらいに好きな自信がありました。この動画はカラコンに関する経験とクリエイティブのインパクトが高い内容だと思っていたので、投稿する前からバズる自信がありました。

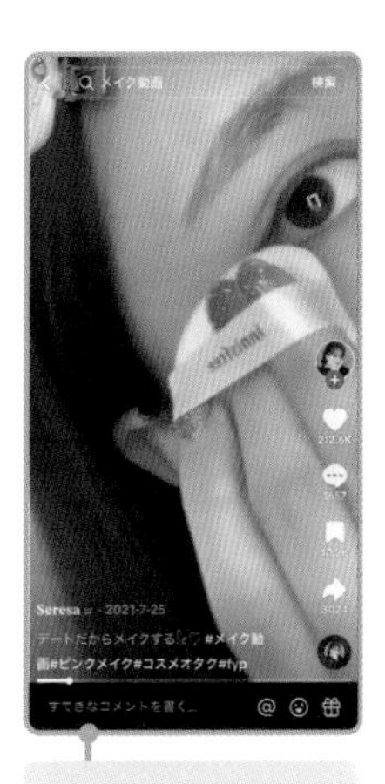

ベースメイクから目元を中心にメイクの様子を紹介しています。

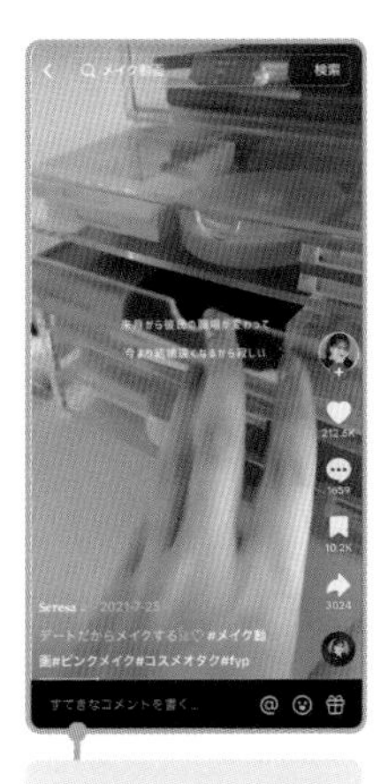

デートメイクということもあって、中央に字幕を表示させてVlogのような雰囲気を出しています。

実際に使用したコスメや色がわかるように撮影しています。

メイク完了です。

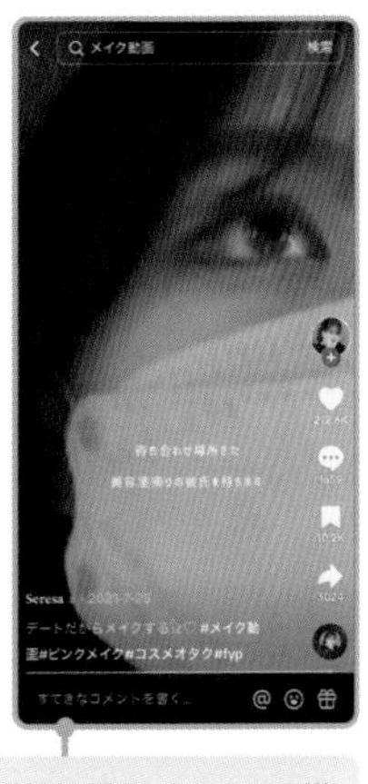

動画の最後にデートの様子も少し入れました。

↑ ①【メイク動画】「デートだからメイクする」

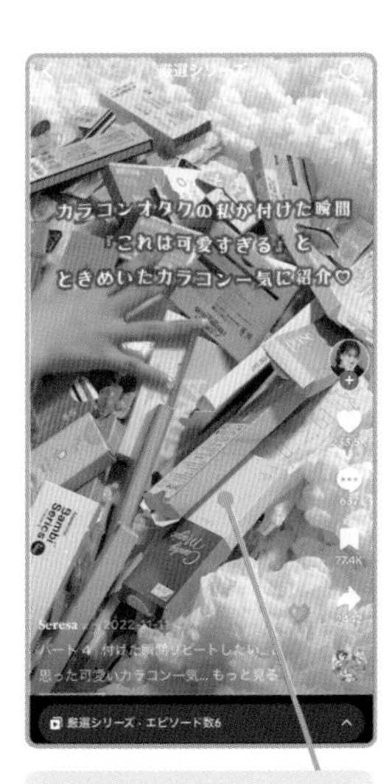

カラコンオタクぶりが伝わるように、実際に使ったことがあるカラコンを全部出して山のように見せました。

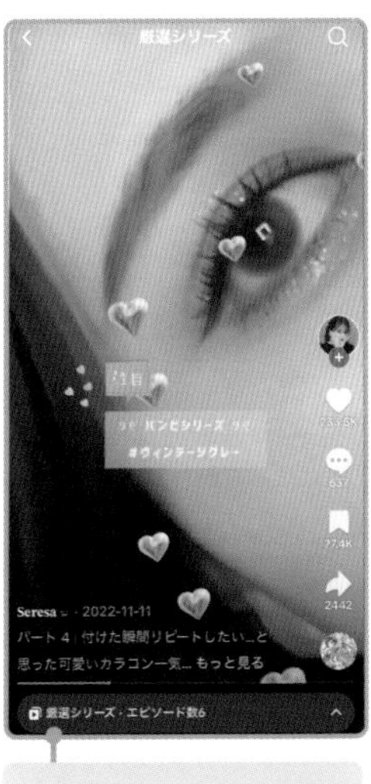

おすすめのカラコンを実際に着けて紹介しています。目線やまばたきの仕方にもこだわっています。

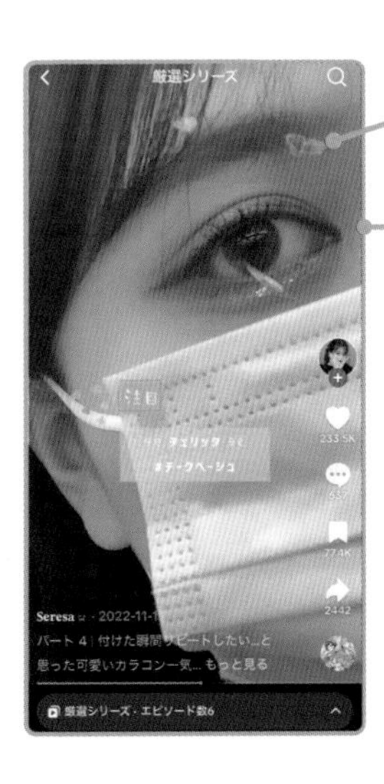

この動画ではハートや蝶のエフェクトをつけて可愛くしています。

冒頭のナレーションやカラコンの名前などは読み上げ機能を使って喋ってもらっています。

← ②【厳選シリーズ】「付けた瞬間リピートしたい…と思った可愛いカラコン一気に紹介」

CapCutで動画エフェクトをつける方法はP.069、読み上げ機能を使う方法はP.073で解説しています。

・ドキドキハートⅡ

・小さな星2

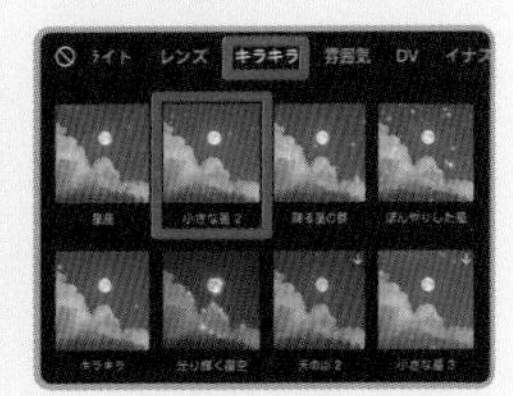

02 編集に平均4時間！ こだわりを凝縮した動画制作

ショート動画のネタ探しはどうしている？

日常的に動画のことを考えているので、日常生活の中でテーマや構成が思いつきます。インパクトのある言葉を思いついたらすぐに構成を考えたり、普段自分が思うことから動画のテーマを作ったりしています。例えば、ピンクが好きだなぁと思ったことをきっかけに、「ピンク好きによる、ピンク好きのための、おすすめピンクコスメ」、というテーマができました。コスメは新しいものが次々に発売されるので、コスメ売り場に行って新商品があれば絶対に見るようにしています。そうしたものは、直感でパッケージを見て選んだり、実際にテスターを使ってみたりして動画にしたくなったら紹介します。

また、自分の動画や他のクリエイターさんの動画のコメント欄を見て、視聴者さんが気になっている内容などを探したり、視聴者さんのリクエストがないかを探したりもしています。

台本の作成や構成で工夫している点は？

普段は台本などをほとんど作成せず、編集しながら構成を考えています。繰り返し編集中の動画を見ながら、「わかりやすい流れになっているのか」、「何を伝えたいのか」を考えています。また私の場合、動画制作の中で編集に一番時間をかけていて、1分未満の動画でも平均4時間はかけています。商品数が複数になると、動画の組み合わせが増えるので、撮影と編集で6時間以上かかることもありますね。

自分の動画以外にも、他の方がどういう風に紹介されているかリサーチしています。おすすめ欄に流れてきた動画や商品名で検索して出てきた動画を見て、見やすい構成や流行っている商品のジャンル、紹介の仕方、言葉選びなどを研究しています。特にタイアップの依頼の時は商品をしっかり理解するために、時間をかけて勉強します。撮影が始まってからも商品の魅力が一番伝わる見せ方を考えて撮影しています。

ショート動画を撮影する時の工夫点は？

撮影の時は、背景やコスメの塗り方を常に意識しています。目元であれば、目線やまばたきの仕方など細かな組み合わせがあるので、納得するまで数えきれないぐらい撮影します。動画も長めに回して、動画中で納得のいく見せ方ができた数秒を使い、1つの動画に仕上げています。

フィルターはあまりかけないようにしています。 ただ、コスメを可愛く撮影したい時は、キラキラのエフェクトなどをつけます。特に商品紹介の動画は、購入時にギャップを感じてほしくないので、視聴者さんの参考になる見せ方を徹底しています。

また、私は「メイクが可愛いから最後まで見るパターン」と「メイクの参考になるから最後まで見るパターン」の動画を分けて考えています。しかし、メイクの参考になる動画だとしても、商品自体の質感や色味を可愛く映すことは意識して制作しています。

再現Hint　納得のできるカットを厳選しよう

動画を撮影する際に、長回しで撮影したり、同じシーンをパターン違いでいくつか多めに見積って撮影したりしておけば、編集時に自分の納得できるカットを選ぶことができます。結果的に撮り直しの手間がなくなり、作業が楽になる可能性があります。

ショート動画を編集する際の工夫点は？

実物の色味と動画の色味を統一するために、撮影が終わったら実物と見比べて動画の色味や明るさなどの調整をして実物の色味に近づけています。

SE（効果音）はつけすぎると動画に集中できない可能性があるので、適度につけるようにしています。SEはフリー音源から動画ごとに合うものを選んでいます。SEをつけることで動画のテンポができるので、視聴者さんが感覚的に見やすくなるような切り替えのリズムを意識しています。特にカラーバリエーションのある商品などは、できるだけテンポを意識して見やすいように工夫しています。

また、見てくれている人がスムーズに見やすいように、テロップの秒数やカットのタイミングがずれないように気をつけています。

CapCutで編集の工夫点をマネしたい時は、次の解説ページも参考にしてみてください。
・色味や明るさの調整→ P.064
・効果音をつける→　　P.057

再現 Hint　実物の色味と動画の色味を統一するコツ

スマホのカメラには自動でピントや明るさを調整してくれる機能が備わっており、誰でも美しい動画を撮影できますが、それが影響して映像と実物の色味が少し異なってしまいます。iPhoneの場合は、コントラストがやや強く、黄や緑に少し色が寄ってしまう傾向があるので、「調整」では、「コントラスト」を下げ、「色温度」を下げて青みを足し、「色合い」を上げてマゼンタ（ピンク）を足すと実物に似た色味に調整しやすいです。

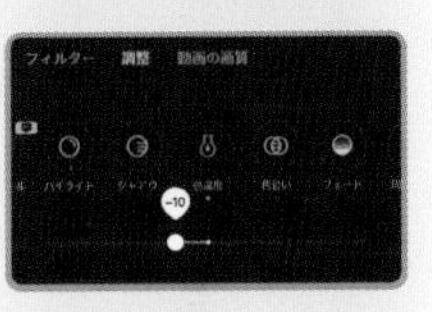

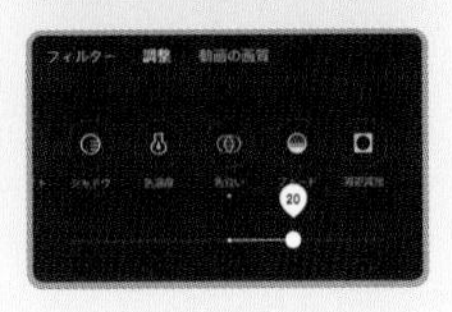

「タイトル」で工夫していることは？

TikTokでは、投稿のキャプションで自分自身の気持ちや、視聴者さんへの質問を投げかけることが多いです（例：「私はこういう透明感メイクが好き！」「みんなは何色のアイメイクが好き〜？」）。普段コメントすることに勇気が出ない人でも、気軽にコメントしやすいように工夫しています。

「サムネイル」で工夫していることは？

私の動画を見た時に、すぐに認知してもらえるように統一感をもたせる工夫をしています。 動画によって見せ方を変えていますが、その動画の中で映りが綺麗なシーンや動画の内容がわかるシーン、引きのある映像などを選ぶようにしています。

Check 撮影機材/編集アプリ

撮影：iPhone 13 Pro Max

その他の撮影機材：
照明機材は基本使っておらず、部屋の電気のみで撮影しています。スタンドも特にこだわっておらず、ティッシュの箱を積んで高さを出して撮影する時もあります。

編集：4種類以上のスマホアプリを使い分けて編集しています。

サムネイルの一例

韓国のメイクアップブランド「Dear.A（ディアエー）」のグリッターアイシャドウを紹介した動画です。

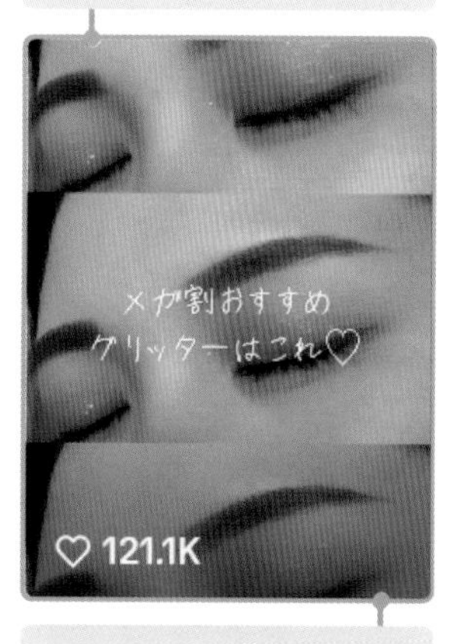

グリッターによるまぶたのキラキラがわかりやすい、画面を三分割したカットをサムネイルにしています。

↑
「質問が殺到したグリッター こんなに可愛いのにバズってないのが不思議でたまらない」

韓国のメイクアップブランド「rom&nd（ロムアンド）」のリップコスメを紹介した動画です。

数ある種類の中からおすすめのカラーを紹介しているので、リップが山になっていて目を惹くカットをサムネイルにしています。

↑
「ロムアンドオタクの私がよく使うロムアンドのリップカラー紹介」

中国のコスメブランド「Perfect Diary（パーフェクトダイアリー）」のアイシャドウパレットを使って、ブラウンメイクのやり方を解説したプロモーション動画です。完成形がわかりやすく、映りが綺麗なカットをサムネイルにしています。

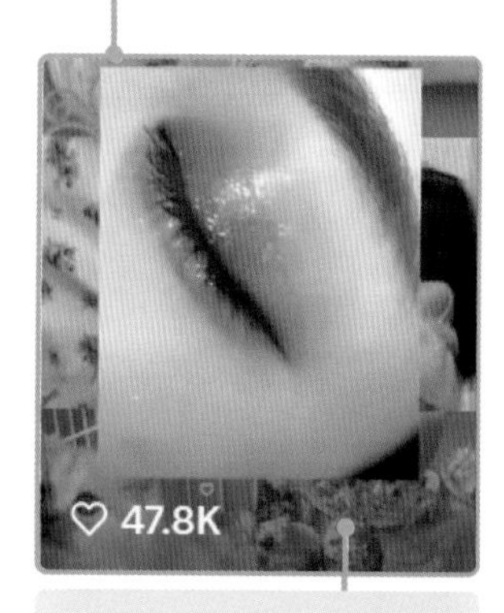

テーマにマッチする背景画像に動画を重ねて雰囲気を出しています。

↑
「人気すぎて即完売だったアイシャドウパレット めちゃくちゃ絶妙な甘めのブラウンメイクが出来た、、！」

CapCutで動画を画面分割して縦に並べる方法はP.205で解説しています。

03 「メイク×ASMR」で新ジャンルを開拓！

ショート動画がバズったきっかけになったのはどんなことだった？

当時、流行り始めていた「メイク×ASMR」という新しいジャンルで投稿を始めたら、再生数が伸びてたくさんの方が私の動画に反応してくれました。

再現Hint　ネタ出しに悩んだら

ネタが思い浮かばず、動画のテーマが決まらない時は、自分の好きなものと、流行しているものや動画を組み合わせることも切り口の1つになるので、考えてみるとよいでしょう。

再生回数を伸ばすために していることは？

タイアップ動画も普段の動画に関してもトレンドが重要ですが、「視聴者さんが本当に見たい動画×自分が納得する商品や見せ方」を発信することを私は大事にしていて、どんな部分に魅力を感じてくれているのかを分析し、動画に活かすことを意識しています。

フォロワーが増えた きっかけはあった？

劇的にどかーんと増えたというよりは、3年間で少しずつ増えて、たくさんの方に見ていただけるようになったな、という印象です。継続し続けた結果だと思っています。

フォロワーさんが伸びたことに直接関係あるかわかりませんが、小学校を卒業したぐらいからメイクやカラコンに興味を持っていて、メイク歴が長いということや、美容学校で2年間メイクを専攻したこと、美容資格を複数持っているということ、また、私自身が、メイクやコスメのことが好きという気持ちが強いことが大きいかなと思います。

それが動画を通じてファンの方に伝わっていたら嬉しいです。

04 SNSの活用でフォロワーさんとの交流も活発に！

視聴者との関わり方について 心がけていることは？

どの返信でも誰もが傷つかない言い方や言葉遣いをするように心がけています。視聴者さんとコメントで会話できることが楽しいので、なるべく多くの方に返信をしています。私のことを身近なコスメオタクの友達と思ってもらえるような距離感になれたら嬉しいです。

投稿プラットフォームの 使い分けはしている？

TikTokとInstagramでコンテンツの使い分けは意識していないです。TikTokは参考になる動画をメインで発信して、Instagramはプライベートも含めて、少しカジュアルに投稿しています。

SNSを利用したショート動画の 共有方法について、実践していることは？

動画を投稿する前にストーリーズなどで「可愛いメイクできた〜！〇時に投稿するね。」のような感じで、フォローしてくれている方に先に共有することを心がけています。

Instagramの「ストーリーズ」は投稿から24時間のみ表示されるため、リアルタイムな情報共有に向いています。「ストーリーズ」が投稿されている場合、アイコンをタップすると閲覧できます。

InstagramはTikTokやYouTubeと比べて、SNSの側面が強く、プライベートの情報を発信しやすい特長があります。

ショート動画を始めてから何か変化を感じた？

前よりももっとコスメが好きだなと実感しました。また、普通に生活していても出会えなかったフォロワーさんとコメントを通じてコミュニケーションが生まれて、全国のいろんな方とつながりができたことが本当に嬉しいなと感じています。

自分の活動の中でショート動画をどう活用している？

私自身、コスメや美容アイテムを買う時にたくさん動画をチェックしています。

読者へのメッセージ

読者様へ

きっと今、この本を読んでいる方の中には、ショート動画を始めようとしていたり、何かヒントを探し求めていたり、いろいろな想いの方がいらっしゃると思います。私自身、あの時投稿していなかったら今どうなっていたのだろう…と思うと不安になるくらい、生活に欠かせないかけがえのないものになりました。まだ投稿していない方はとにかく何でもよいので一度投稿してみてください！　投稿しながら自分の中のジャンルを見つけていくのもよいと思います。

↑ TikTokアカウント

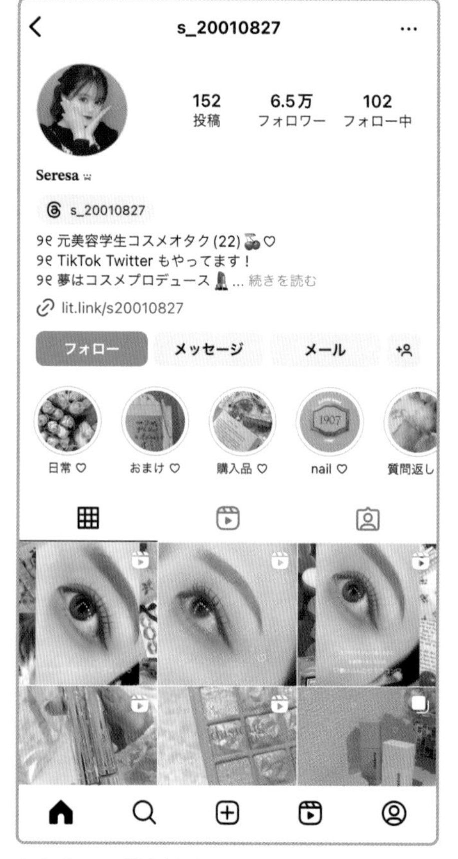

↑ Instagramアカウント

画面を分割して動画を並べよう

見本動画

https://www.youtube.com/shorts/ZxhpxPhAkhY

動画の画面を分割して縦に並べるには、「オーバーレイ」機能（P.119参照）を主に活用します。異なる映像を並べる（コラージュする）か、同一の映像を並べるかによってやりやすい方法が違うので、それぞれ紹介します。

01 複数の動画をコラージュする

新しいプロジェクトを作成します

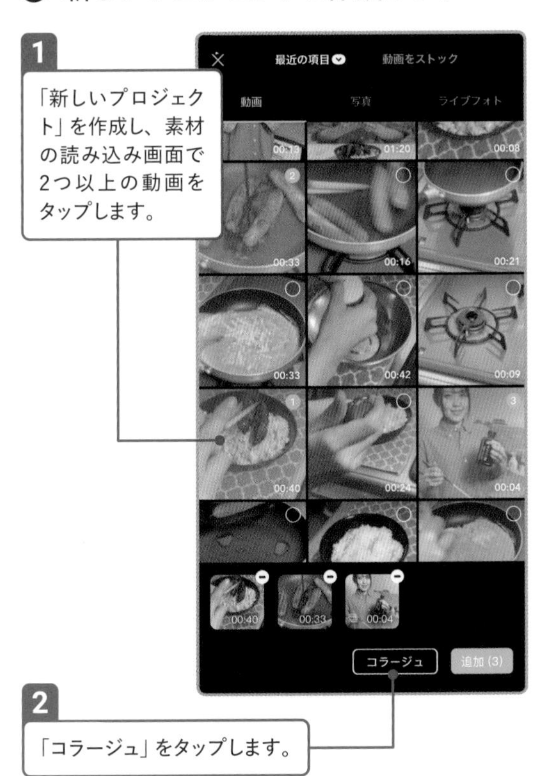

1 「新しいプロジェクト」を作成し、素材の読み込み画面で2つ以上の動画をタップします。

2 「コラージュ」をタップします。

分割の仕方を選びます

1 「フォーマット」で分割の仕方をタップして選びます。

2 「比率」をタップします。

◎ 比率を「9:16」にします

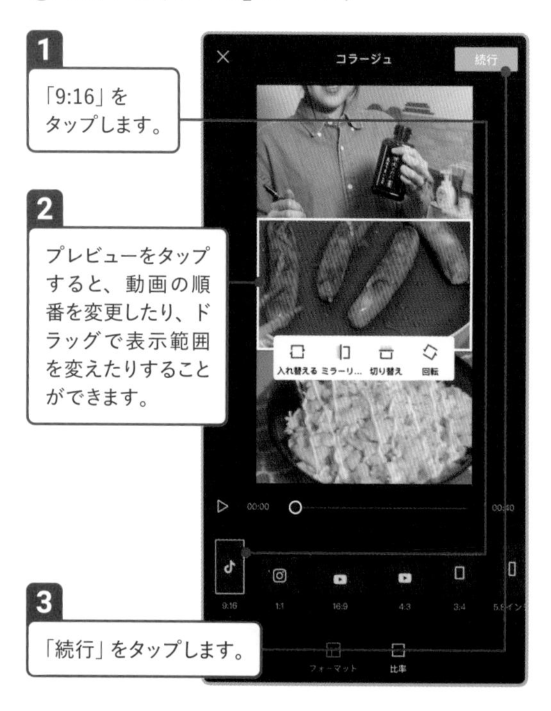

1 「9:16」をタップします。

2 プレビューをタップすると、動画の順番を変更したり、ドラッグで表示範囲を変えたりすることができます。

3 「続行」をタップします。

◎ コラージュ動画が完成します

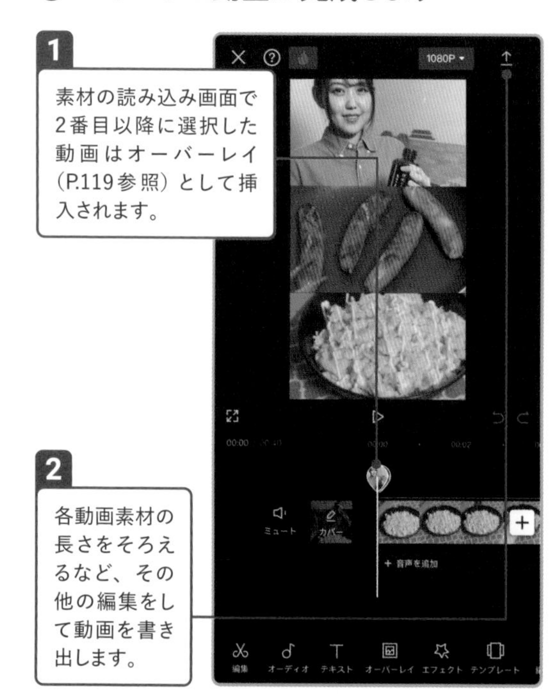

1 素材の読み込み画面で2番目以降に選択した動画はオーバーレイ(P.119参照)として挿入されます。

2 各動画素材の長さをそろえるなど、その他の編集をして動画を書き出します。

02 同一の映像を縦に並べる

◎ 動画クリップを複製します

1 「新しいプロジェクト」を作成し、分割したい動画を追加します。

2 動画クリップをタップし、「複製」をタップします。

◎ 複製した動画クリップをオーバーレイ化します

1 複製した動画クリップが選択された状態で「オーバーレイ」をタップします。

2 オーバーレイ化した動画クリップを長押しし、動画クリップの開始位置まで移動させます。

動画の表示範囲を変更します

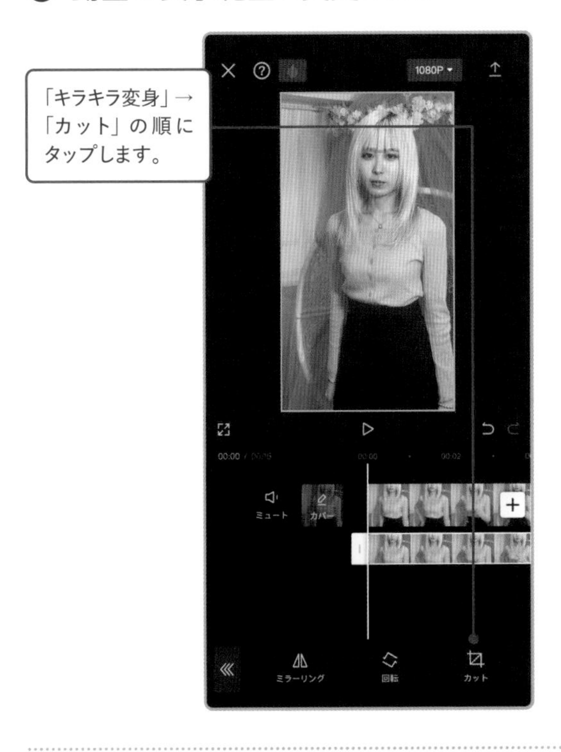

「キラキラ変身」→「カット」の順にタップします。

動画の上下をカットします

1 ここでは画面を縦に三分割します。右の例では「16:9」をタップしました。

2 プレビューを上下にドラッグして表示位置を調整します。

3 ✓をタップします。

オーバーレイを複製します

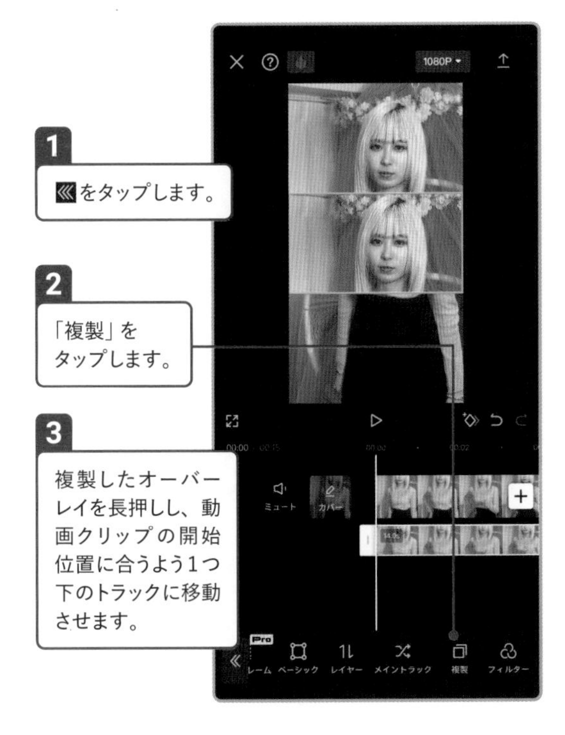

1 ≪をタップします。

2 「複製」をタップします。

3 複製したオーバーレイを長押しし、動画クリップの開始位置に合うよう1つ下のトラックに移動させます。

複製したオーバーレイを下に移動させます

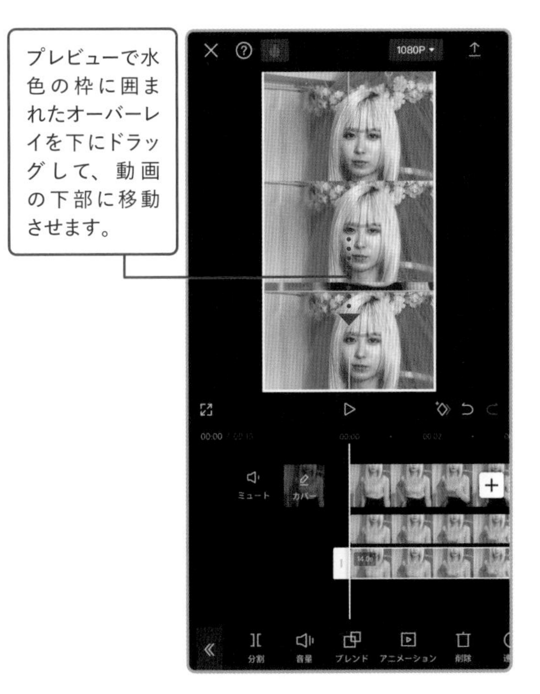

プレビューで水色の枠に囲まれたオーバーレイを下にドラッグして、動画の下部に移動させます。

◎ もう1つのオーバーレイを上に移動させます

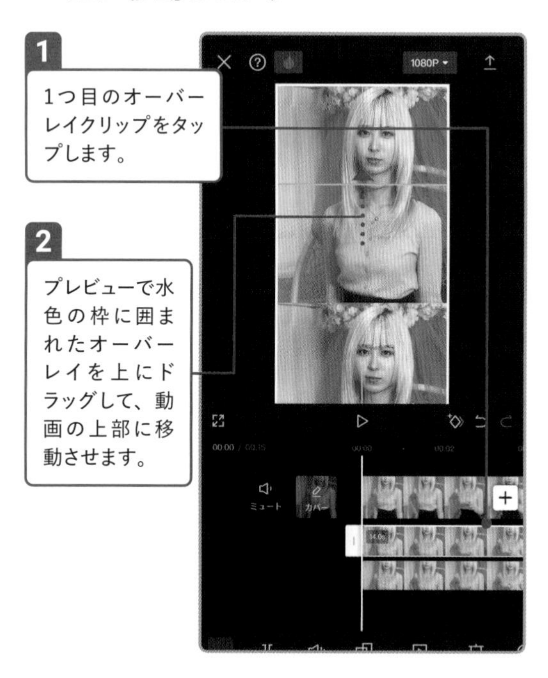

◎ 中央部分の動画位置を調整します

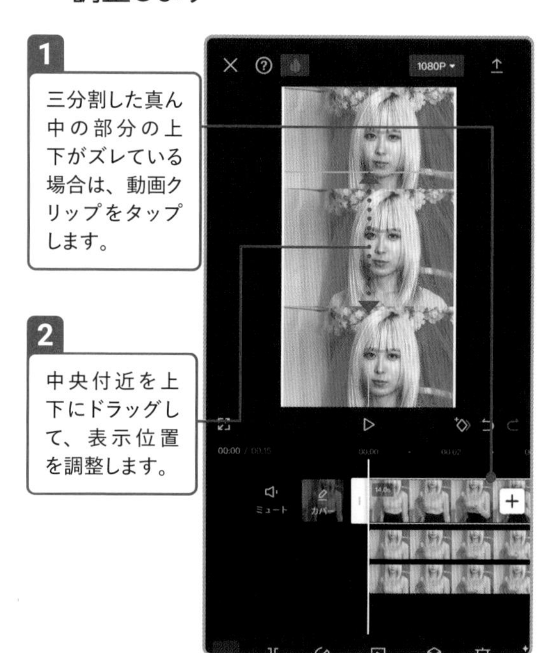

Check 同一の映像をもっと簡単に縦に並べる

「エフェクト」機能を利用すると、もっと簡単に同一の映像を並べることができます。ただしこの方法では、表示位置の上下を移動させるなどの微調整ができません。

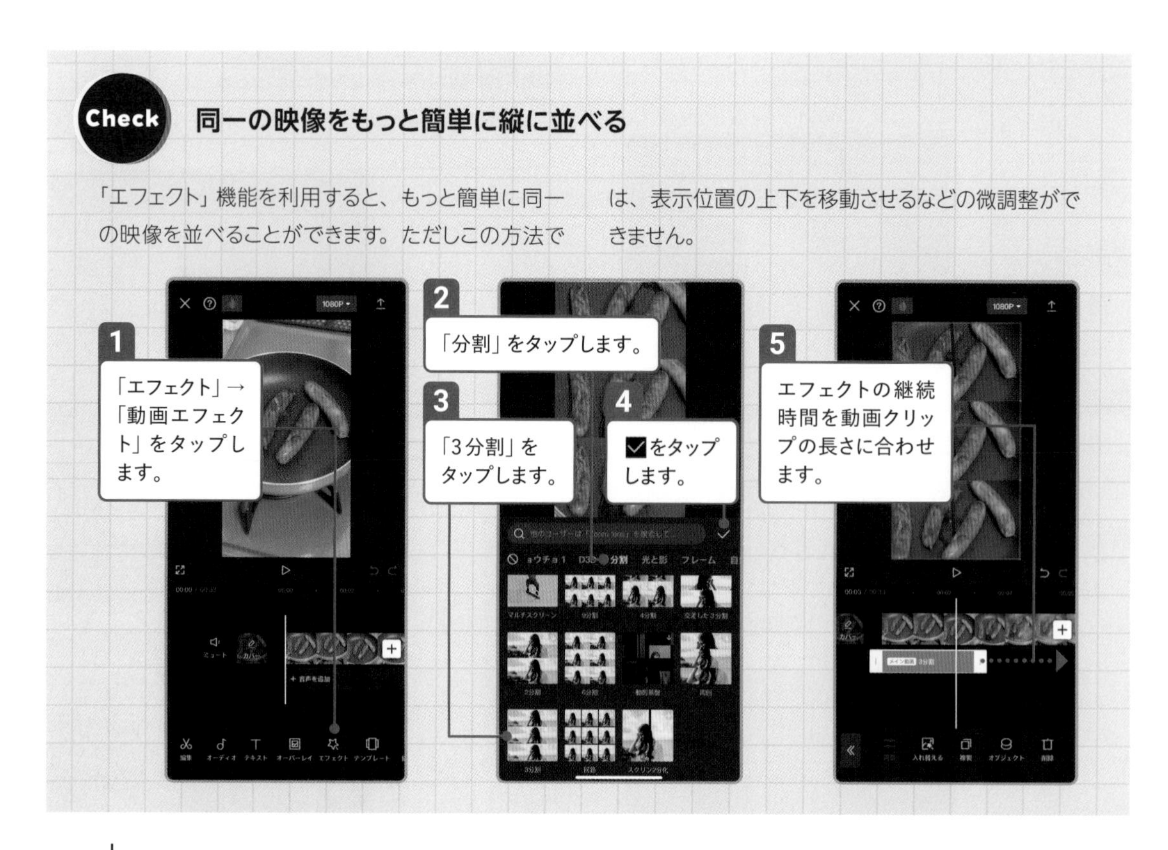

爽快で役に立つ芝生お手入れ動画

ティム
芝生好き雑草ハンター

TikTok

Instagram

YouTube

▶ プロフィール

一般家庭のお庭の芝生の手入れのノウハウや楽しみ方の紹介、お庭の手入れの大敵となる雑草対策を中心に取り上げて動画を作っています。特に芝生は手入れが大変なイメージがありますが、適切な生育環境と道具や知識があれば楽しくこなすことができます。また、私には芝生コンテストにて２年連続100点満点で優勝することができた経験があり、その過程で得た学びを皆さんと共有して、少しでも「芝生楽しそう!」って思える仲間を増やしてみたいです。

01 シンプルかつユーモアを交えた動画作り

ショート動画制作を始めたきっかけは？

収益化のためと、同じ芝生ユーチューバーの先輩「つりきっぷ」さん（@KIPP）からのすすめとアドバイスのおかげで取り組もうと決心しました。

投稿したショート動画の中で「一番バズった」と感じたものは？

再生回数で判断すると、「草は根まで取らなくていい」の動画がそれに最も合致すると思います。

← 「草は根まで取らなくていい」

ショート動画のネタ探しはどうしている？

庭の芝生や道端の雑草を見て思いついたらネタにする、という感じです。1回頭の中で概要を描いて、面白そうなら撮影します。昔からアイデアは自然と出るタイプなので、幸いそこは特に苦労していません。

台本の作成や構成で工夫している点は？

動画によりますが道具やノウハウの解説の要素が入るものは、視聴者様の誤解を招かないように、文章を推敲する目的で原稿を書き起こすこともあります。趣味で気軽にやっていますので、それ故に誤った情報を流布して道具のメーカーなどに迷惑をおかけしないよう、特に気をつけています。言葉も少し捻った表現や言い回し、あっさりしたダジャレとか、「おや？」と思う要素を入れるとコメントが盛り上がりやすいです。圧倒的に専門的な知識や、特ダネのような知識の披露でないならば、あえて完成度を上げすぎず柔らかくユーモアを交えて説明すると、それがまた新鮮な刺激になります。電車の中でクスっと笑えるぐらいがいいので、もちろん狙いすぎはダメです。

ショート動画を撮影する時の工夫点は？

YouTubeショートをスマホで見た時に右下や下部のアイコンに被らないように、被写体の配置を意識して撮影しています。話し方はアフレコなので撮影には関係しませんが、滑舌が悪くどうしたらよいものか私も悩んでいます（笑）。

CapCutでアフレコする（ナレーションを入れる）方法はP.071で解説しています。

ショート動画を編集する際の工夫点は？

視聴者様が見た時に面白いかどうか。それを初めから最後まで1つの作品として考えます。せっかく時間を割いて見ていただくのであれば、少しでも楽しいとか、お役に立てる動画にしたいと心がけています。

ショート動画は1カットが長くても2〜3秒以下。長く感じる時は同じシーンのままでもズームでパン！と切り替えて動きを出しています。

CapCutで動画をズームする方法はP.105、彩度（CapCutでは「飽和色」）を下げる方法はP.065で解説しています。

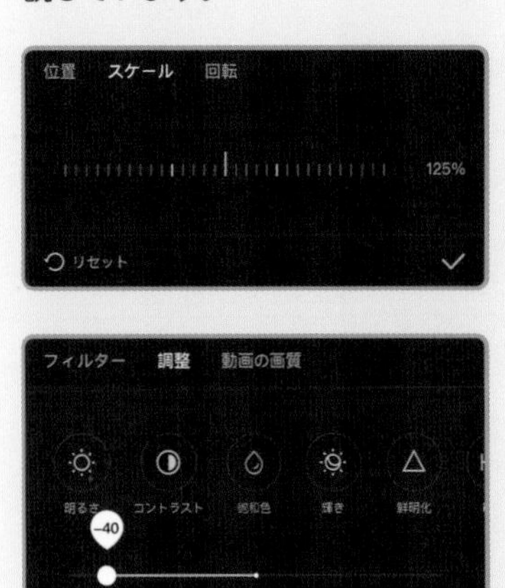

映像を拡大し、彩度を下げています。

BGMはわちゃわちゃしたり、自分の声とケンカしたりしないものを選んでいます。流行りのものは調べる時間が惜しいので、好きじゃないですね。BGMは大切な要素ですが決してメインではなく、作品の一部であり雰囲気作りの一助として考えます。SE（効果音）は反対にゲーム実況者とか大物ユーチューバーが使う定番のものを使って、視聴者様の共感を得やすいような効果を意識します。

テロップはなるべくシンプルに、少なく、大きな文字で。ただ、ちょっと速い…って感じるぐらいの意識の方が動画にちょうどよさそうです。

あえて流行を意識せずに、いつも同じBGMを使う戦略もあります。自分の声質に合ったBGMや音量を探してみましょう。

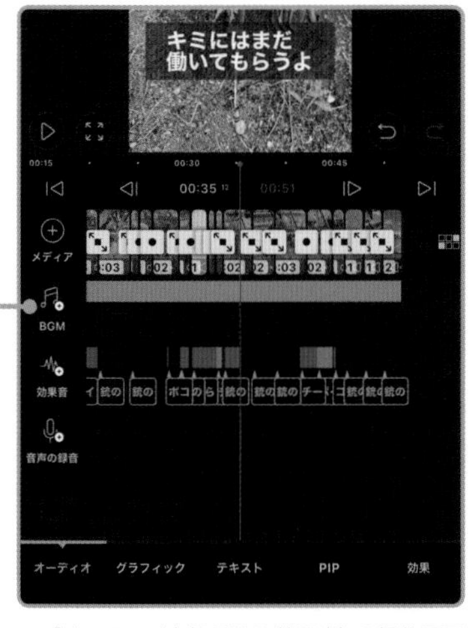

↑「オーディオ」（BGMや効果音）の編集画面

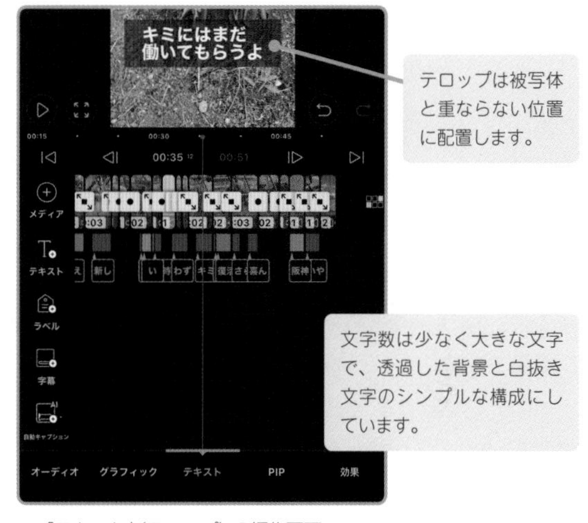

テロップは被写体と重ならない位置に配置します。

文字数は少なく大きな文字で、透過した背景と白抜き文字のシンプルな構成にしています。

↑「テキスト」（テロップ）の編集画面

再現 Hint

CapCutでテキストの背景を透過する

CapCutのテキストスタイルの編集画面（P.047参照）で「背景画像」をタップし、背景の種類や色、不透明度を調整すると、テキストの背景を透過することができます。

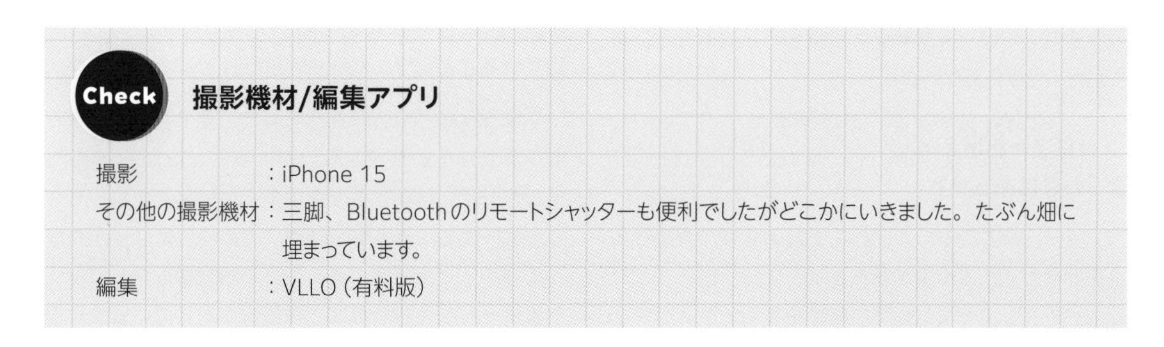

Check

撮影機材/編集アプリ

撮影　　　　　：iPhone 15
その他の撮影機材：三脚、Bluetoothのリモートシャッターも便利でしたがどこかにいきました。たぶん畑に埋まっています。
編集　　　　　：VLLO（有料版）

「タイトル」で工夫していることは？

アップロードの処理待ちに「うーん、えいっ！」って適当に考えています。後日見返して気に入らなければ変えることもあります。

ショート動画と従来の横型動画で編集の仕方や心がけている点に違いはある？

単調な映像や作業風景にならないように画面の動きや変化、映像のカットを数秒おきに入れるようにしています。横型動画は長くても6〜7秒、ショートはその半分以下のイメージです。

「サムネイル」で工夫していることは？

ショートの場合は内容が気になる場面や、少し内容が想像できそうなシーン、「なにこれ？」って思えるものを選んでいます。あまり重要ではないという噂も聞きましたがどうなのでしょうか？ 釣りサムネ（主に再生回数を伸ばすために、ショート動画の内容にそぐわないサムネイルや過度に誇張したサムネイルで視聴者の興味を引くこと）みたいなのは絶対にしないです。

視聴者様が疑問を持ったり興味を引かれたりするシーン・テロップが挿入されている部分をサムネイルに選んでいます。

02 視聴者様の求めるものが第一！

ショート動画がバズったきっかけになったのはどんなことだった？

バズりの定義を私の中で特に持ち合わせておらず、きっかけはよくわかりません。幸いにも多くの再生回数とチャンネル登録をいただいているのは、普段の動画作成の心がけが視聴者様に評価された結果だと、ありがたく受け止めています。

フォロワーが増えたきっかけはあった？

ショート動画で100万回再生を超えるものが出ると自然と増えてくる印象があります。また、増えると減るスピードも速くなるので、期待を裏切らないクオリティの動画を継続する力が大事だと思います。10万回再生の動画を何本も出すより頻度はその10分の1でもよいから100万回再生の動画を1本、みたいなイメージです。頻度は仕事とか自分で確保できる時間との兼ね合いですかね…。そこは気合と根性です。

再生回数を伸ばすためにしていることは？

やはり視聴者の皆様を意識して、見て楽しいと思っていただける動画制作を心がけることだと思います。それができていれば数字は自然とついてきます。もちろん失敗することもあるので、その場合はしっかり振り返りをしています。だいたい視聴者様の見たいという感覚と、私の感覚のズレが原因かなと思います。自分が楽しいと思ったから見せたい、とかそういう独りよがりな感覚はダメです。

最後までオチが気になる構成やシーンの切り替えを心がけて、過度な演出をしないよう気をつけています。まあ、失敗しても伸びないだけです！ 気にせずいきましょう。制作は数秒単位で考えて、飽きさせたりオチが予想できてしまったりすることがないように、適度になおかつ、くどくなりすぎないように注意して編集しています。

投稿プラットフォームの使い分けはしている？

YouTubeショートがメインです。Instagramも同じ動画ですが、私の中ではちょっとしたブログ感覚で、ストーリーズを通じたフォロワーさんとの交流を楽しませていただいています。TikTokは転載する迷惑な方がいるので、その対策として同じ動画を上げています。

視聴者との関わり方について心がけていることは？

YouTubeショートではコメント欄になるべく目を通して感謝の気持ちや感想、質問にはその回答を単純明快に伝えるようにしています。また、どんな反応があるか学ばせていただき、次の動画制作の参考にさせていただいています。現在ありがたいことに反応できないほど多くの反響をいただき、返答できない方もいらっしゃって、そこは申し訳なく思います。

ショート動画を始めてから何か変化を感じた？

横型動画の視聴者様と異なる層の方々からのコメントや登録が増えた印象があります。また、他の人のショート動画を「なぜこんな言い回しをしたのだろう？」「なぜ伸びているのだろう？」といった目線で見るようになりました。

自分の活動の中でショート動画をどう活用している？

YouTubeショートにアップロードしている芝生の動画は、芝生や芝生がある庭を楽しむ仲間を増やせたらいいなという思いでやっています。芝生は大変だ…というネガティブな意見もよくお聞きするので、その印象を少しでも前向きに変えたいなという思いです！ その点ショート動画は横型動画より新しい方々にリーチできるので、芝生を知っていただくきっかけになればと感じています。

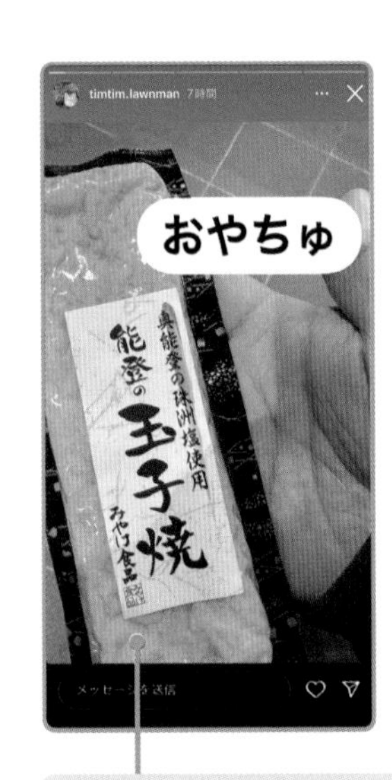

Instagramのストーリーズはブログ感覚で活用することもできます。

読者へのメッセージ

いつもご視聴くださりありがとうございます。特に芝生の手入れに関してお悩みがございましたら、お庭や使っている道具の詳しい状況などを添えてコメントなどでご相談ください。私自身も楽しみつつ、今後も視聴者の皆様や芝生や、雑草たちと触れ合いながら学び、楽しんでいこうと思います。

このインタビューが、動画クリエイターに挑戦したいという方のご参考になれば幸いです！

迫りくる猫の大きな瞳が大人気！

足長マンチカンあおみね

▶ プロフィール

足長マンチカンあおみね
誕生日　2019年11月9日
猫種　マンチカン
毛色　ブラックスモーク
大きな黒目が特徴のマンチカンの男の子。ドアップのショート動画を中心に、フォロワー100万人達成を目標に掲げて2023年6月から活動中。「見ているフォロワーのちょっとした笑顔と幸せを作れるように」という思いで日々Instagramに投稿しています！

01　愛猫の健康のために始めた遊びがきっかけでした

ショート動画制作を始めたきっかけは？

きっかけはあおみね（猫）が血尿になってしまったことです。病院の先生から聞いてごはんを変えたり、水飲み場を増やしたり、キャットタワーを増やしたりしてストレスをなくす行動をしていましたが、あまり効果が出ませんでした。

そんな中、遊ぶ時間を増やしてみようと思い、仕事から帰ってきたら一緒に遊ぶようにしました！　そうしたら血尿がなくなったので、それ以来毎日続けることにしました！

すごく楽しそうに遊ぶ姿が可愛くて、どうせならという思いでYouTubeのショート動画に上げてみようと思いました！

投稿したショート動画の中で「一番バズった」と感じたものは？

Instagramで【いきなりの恐怖映像】というタイトルで何個か上げさせていただいています。その中の一番初めに上げたものと⑪⑤というものがバズったと感じました。一番というなら、最初のものを初めて上回ることができた⑪⑤です！

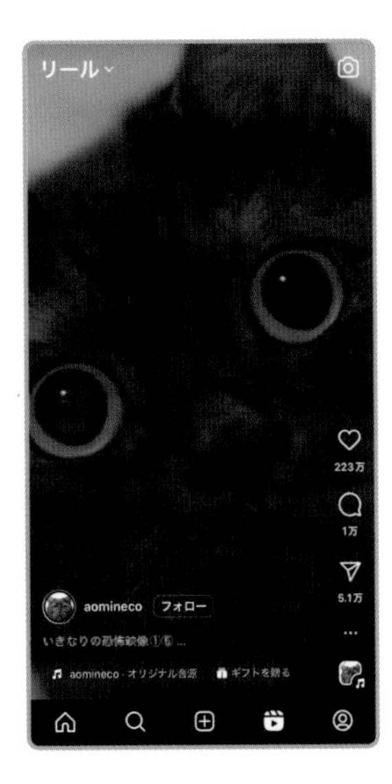

飼い猫のあおみねが駆け寄ってくる動画です。

←「いきなりの恐怖映像①⑤」

02 アピールポイントは動画の最後へ持っていく!

ショート動画のネタ探しはどうしている?

日々の暮らしからネタを探しています！　趣味のソロキャンプなどボーっとしている時間に意外と思いついたりします。

台本の作成や構成で工夫している点は?

ショート動画は再生時間が短いですので、必ず伝えたいことをオチに持ってくるようにしています！　その方が見ている皆様の印象に残る気がするからです。また、冒頭は勢いや耳に残るような音があれば面白い動画になるのではと思い、動画を作っています！

↑ Instagramアカウント

↑ YouTubeアカウント

ショート動画を撮影する時の工夫点は？

見てくれている皆様の目線を意識して作るようにしています！　自分が伝えたいものを見てくれている皆様にアピールできているかは一番試行錯誤してやっています。自分の場合は猫の目がアピールしたいポイントなので、どういう目が皆様に喜ばれるかなどは、すごく気にして撮影をしています！

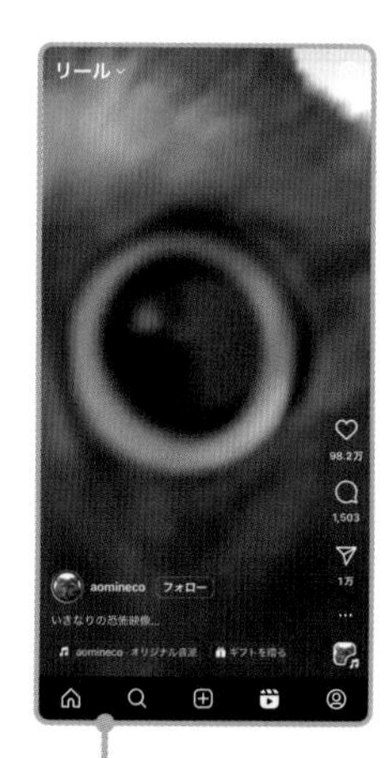

一番アピールしたい猫の目をオチとして動画の最後に持ってきています。

↑「いきなりの恐怖映像」

ショート動画を編集する際の工夫点は？

自分の伝えたいものに時間をかけすぎないようにしています！　具体的には、猫動画はワンカット2秒が今のところ一番よいかなと思っているので、それに合わせて動画を作成しています！

「タイトル」で工夫していることは？

難しい言葉をあまり使わないように、誰でもわかりやすいようなタイトルづけを心がけています。

Check　撮影機材/編集アプリ

撮影：iPhone 8、iPhone 14（両方の端末を撮影、編集で使用しています）
編集：VLLO、Canva

03 「面白いこと」や「目標」をフォロワーと共有する

ショート動画がバズったきっかけになったのはどんなことだった？

愛猫の動画を作るうえで大切にしているのはフォロワーの反応です。とりあえず、「自分が面白いと思うことを動画で上げてみる！」「コメントを見て改善点やよい点を見つけて上げてみる！」を何回も繰り返して自分の動画の強みみたいなものが見つけられたからかなと思います！

フォロワーが増えたきっかけはあった？

見ている皆様に目標とアカウントのコンセプトをちゃんと伝えていることが、フォロワーが増えている１つの要因かと思います。あとは、フォロワーと一緒に楽しめるようなアカウントになればという思いでアカウントを運営しているつもりなので、そういうところも伝わって増えてくれていたら嬉しいですね！

目標を伝えて視聴者に応援してもらう方法もあります。

再生回数を伸ばすためにしていることは？

自分で作って伸びた動画があるなら、あまり伸びなかった動画と比べています！

そういうものがなければ、他の方の似たような動画と比べてどう違うか考えてみます！

投稿プラットフォームの使い分けはしている？

Instagramでは一貫性を一番意識しています！ YouTubeショートは、いろんなことを試してみる挑戦の場所みたいな形にしています！

視聴者との関わり方について心がけていることは？

コメント欄を見て自分のよかったところを褒めてくださる方や質問してくださる方には、できるだけお答えしたいと思っています！　その方がフォロワーと楽しくアカウントを作っていけると思っているからです！

ショート動画を始めてから何か変化を感じた？

毎日が楽しくなりました！　上手くいく時もあればいかない時もある。刺激をいただくことができますし、今まで関わることがなかったいろんな方と関わることができるのはすごくよいことだなーと実感しています！

自分の活動の中でショート動画をどう活用している？

自分はショート動画中心でやっていますので、毎日のルーティンみたいな形で、仕事とは違う自分のコミュニティーを作る感覚で活動しています！

読者へのメッセージ

この記事を読まれている方はショート動画をバズらせたいと思われている方だと思います！　その気持ちは素晴らしいと思いますのでぜひ、私が伝えたことで自身の活動に使えそうなことがあればやってみてください！

ショート動画の魅力は、いろんなことを短い時間でたくさん試せることだと思います！　ぜひ、たくさん挑戦して、自分の強みや得意分野を見つけてください。見ている皆様とショート動画を作られる方、両方が楽しくなるようなアカウントがたくさんできればと思っています！

最後まで読んでいただきありがとうございます！

愛犬のチワックスの日常を10秒で紹介

きつねいぬ太朗🦊Taro

TikTok

Instagram

YouTube

▶ プロフィール

きつねいぬ太朗と申します。保護犬出身のチワックスの日常をInstagramに投稿しています。大きい目と耳がチャームポイントで、街を歩くとキツネに間違われるくらい特徴的な姿をしています。愛犬との毎日を記録していこうと始めたアカウントですが、今ではたくさんの方にフォローされているので、ありがたいです。
もう11歳になり、だいぶおじいちゃんになってきた太朗ですが、たくさんのフォロワーさんから愛されて毎日をのんびり過ごしています。そんな日常を切り取ったアカウントです。

01 きっかけはコメント欄での愛犬の人気でした

ショート動画制作を始めたきっかけは？

もともとメインで発信していた情報アカウントがあり、そこで度々ストーリーズで愛犬を紹介するとコメントをくれる方が多かったので、別に新しくこのアカウントを始めました。

投稿したショート動画の中で「一番バズった」と感じたものは？

耳を使って、「321Go」の音源に合うように太朗を撫でている動画です。2,089万回再生（2024年2月時点）でした。

音楽に合わせて愛犬・太朗の大きな耳が広がる動画です。

→「321go🦊」

02 ポイントは見ていて気持ちよくなるような動画作り！

ショート動画のネタ探しはどうしている？

Instagramの人気のリールをとにかく見るようにしています。

台本の作成や構成で工夫している点は？

リールの再生回数が多い動画を保存して、音源も保存し、その音源がどういう動画のタイプだと再生されやすいかなどを見ています。人気の音源を使う理由は、見ている人たちがその音源に慣れているのと、テンポのよい曲が多いからです。

ショート動画を撮影する時の工夫点は？

なるべく太朗が元気な午前中に撮影するようにしています。午後になるとお昼寝タイムで、ほとんど目を開けてくれません！　同じ目線になるように、カメラの位置は割と低めで撮ることが多いです。

ショート動画を編集する際の工夫点は？

なるべく10秒以内、短い時は5秒以内の動画になるようにしています。音源と動画が合っていて、何回も見てしまうような、見ていて気持ちよくなるような動画を心がけています。

再生回数を伸ばすためにしていることは？

1秒でも無駄な時間を作らない、という点です。音源のリズムと動画が合っているかを常に考えています。また人気の音源は常にチェックして、保存しています。

使いたい音源を先にいくつか保存しておいて、撮れた動画を組み合わせています。

「タイトル」で工夫していることは？

1行目でなるべく全ての動画の内容がわかるような、海外の子どもでも伝わるものを心がけています。また、英語と日本語の両方で書くようにしています。

英語と日本語を併記しています。

極力1行で動画の概要を伝えています。

←「おてのマッサージをするとすぐ寝落ちしちゃう」

「サムネイル」で工夫していることは？

ベロを出しているサムネイルが、なぜか割と多くの方に見られているような気がしているので、なるべくベロをペロッと出した瞬間を切り取ってサムネイルにしています。

Chapter 4 人気インフルエンサーに学ぶ

03 コメントやメンションでの共有からのバズり

ショート動画がバズったきっかけになったのはどんなことだった？

最初にバズったのは、海外の子どもが話しているセリフに合わせた音源で愛犬を撮ったものでした。1,987万回再生（2024年2月時点）になり、ここから急にフォロワーさんが増加していきました。

コメント欄に「何の犬種？」と書かれていたコメントが多く、答えを探して、結果滞在時間が多くなったのかもしれません。動画の滞在時間も重要ですが、コメント欄もかなり見られていたようで、それもバズったきっかけになったのかもしれません。

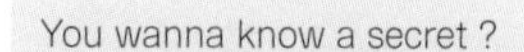

I love you.

海外の子どものセリフに合わせて太朗に近づいた動画です（2024年2月時点で1,987万再生）。

フォロワーが増えたきっかけはあった？

バズったリールが多くの人に見られただけでなく、拡散されたことがきっかけでした。友達に動画を紹介するためにコメント欄で友達にメンションしてくださる方が多かったです。

投稿プラットフォームの使い分けはしている？

Instagramは主に海外のフォロワーさんが多いため、音源は日本語が入っていないものにしています。TikTokは日本人の方しか見ていないので、日本語の音源で合わせています。また、最近はあまり投稿できていないのですが、YouTubeショートは多少長くてもコントのようにオチがあれば再生されやすいように感じました。

視聴者との関わり方について心がけていることは？

なるべくアンチコメントがつかないように、動画を見た人が嫌な気持ちにならないよう心がけています。

また、海外の方はコメント欄をよく見る人が多いように思うので、コメントをくれた方に別の方がいいねをつけているのも面白いなと思います。

Check 撮影機材/編集アプリ

撮影：iPhone 11
編集：CapCut、VLLO、InShotなど

04 動画で幸せを届けることがモチベーションに

ショート動画を始めてから何か変化を感じた？

最初は我が家の犬の思い出をただ投稿しようと思って始めたアカウントなのですが、フォロワーさんから「このアカウントを見ていると昔飼っていた犬を思い出して幸せ」というメッセージや、海外から「あなたの投稿を見るために今日も頑張ります」といったコメントが毎日送られてくるようになりました。

知らない誰かの幸せになれたことが、自分のモチベーションになっており、世界各国からくるメッセージを読むのが毎日の楽しみになりました。

自分の活動の中でショート動画をどう活用している？

愛犬の記録、というのはずっと根底にあるので、今後もいろいろな姿を撮り溜めていきたいと思います。

↑ TikTokアカウント

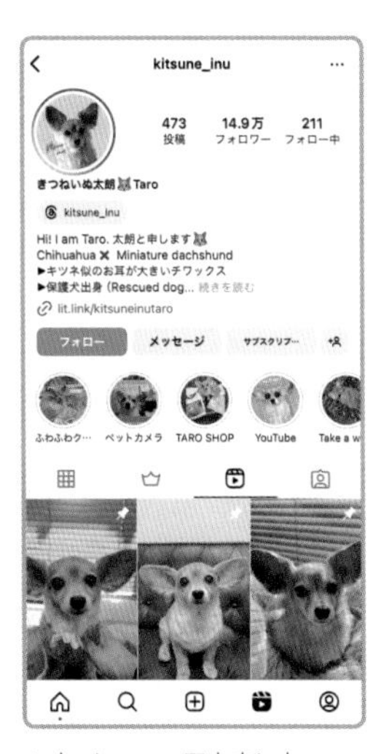

↑ Instagramアカウント

↑ YouTubeアカウント

読者へのメッセージ

私がこのような場所にこうやって、書くのは大変恐縮なのですが、日々何の動画が流行っているのか調べるのは常日頃からの趣味だったので、とにかく人気リールを見ることが大切だと思っています。

流行っている動画のほとんどは、見ていて脳が快感を覚えるような「気持ちよさ」の部分が多いように感じました。自分のアカウントと何らかの掛け算でその気持ちよさを動画にできたらそれは強みであり、その瞬間がバズる時だと思います。

とはいえ、何も戦略など考えていない時にバズってしまったので、「バズる時はなぜだかバズる」という時もあるのですが、その時が来るまで準備の期間は絶対に大切だと思います。何を投稿したら、今のフォロワーさんが喜んでくれるのか、新規のフォロワーさんが増えるのかのバランスも大切な気がしています。

拙い文章を読んでいただき、ありがとうございました。

弾き方がわかりやすい数字つきピアノ演奏動画

maru

▶ プロフィール

当チャンネルでは、数字を使ったピアノ動画をメインに配信しています。最近では、作曲にも挑戦するなど、やりたいことをして楽しんでいます。当チャンネルの動画に関するご利用については、特別な報告や許可は必要ありません。ピアノ演奏や歌ってみたなど、お好きな用途でご使用ください。ただし、ご利用いただいた際には、当チャンネルの名前と動画のURLのご記載をお願いします。

01 特技のピアノで一気にバズりました!

ショート動画制作を始めたきっかけは?

「自分の特技であり趣味でもあるピアノを使って有名になりたい!」と思い、ショート動画を始めました。最初はYouTubeで横型動画を投稿していたのですが、思ったように伸びませんでした。動画を見てもらうためにはどうすればよいか調べていくと、ショート動画だとフォロワー0人からでも、バズる投稿をすると一気に有名になれるということを知り、頑張ってショート動画の作成を始めました。

投稿したショート動画の中で「一番バズった」と感じたものは?

「Ado『唱』」です。

Ado『唱』の弾き方を解説したピアノ演奏動画です。鍵盤に数字を振って弾き方をわかりやすくしています。

← Ado『唱』

02 秘訣はシンプルで伝わりやすいフォーマット

ショート動画の
ネタ探しはどうしている？

TikTokのオススメをずっと見たり、最近流行っている曲をネットで調べたりしています。

台本の作成や構成で
工夫している点は？

できるだけ、シンプルにわかりやすく伝えることを意識して、台本の構成を考えています。

ショート動画の
撮影方法の工夫点は？

ピアノを俯瞰するカメラアングルで撮るようにしています。ピアノが歪んだり、鍵盤が画角からはみ出たりしないように、正確に調整します。当たり前ですがミスタッチは必ず撮り直します。

ショート動画を
編集する際の工夫点は？

メロディーの区切りがよいところでカットしています。ワンカットの長さもあまり長くならないように調整します。また、テロップはシンプルにしています。

CapCutで動画と音楽、テロップのタイミングを合わせる方法は、P.137で解説しています。

ショート動画がバズったきっかけに
なったのはどんなことだった？

現在の、弾き方が数字でわかるフォーマットにしたことがきっかけです。リニューアルしてから多くの人に見ていただけるようになりました。

フォロワーが増えたきっかけはあった？

ショート動画が100万回以上再生されたことです。いつもより多く再生されたことで、その日のうちに1,000人以上のフォロワーを獲得できました。

歌詞と数字のテロップをリズムよく切り替えることで、弾き方がわかりやすくなっています。

動画の最後に歌詞と数字をまとめています。

Check 撮影機材/編集アプリ

撮影　　　　　　：iPhone 12
その他の撮影機材：キーボードピアノ（Roland-FA-08）、三脚、iMac（Sonoma 14.1.2）
編集　　　　　　：DaVinci Resolve、InShot、CapCut

03 大切なのは「調べる力」と「続ける力」

再生回数を伸ばすためにしていることは？

最近のトレンドが何なのか調べることと、シンプルな動画作成をすることです。

視聴者との関わり方について心がけていることは？

コメント欄の活用は特にしていないのですが、リクエストを受け付けているので、毎回たくさんのリクエストが来ています。

リクエストを受け付けていることをプロフィール欄に記載しています。コメントの書き込みやフォロー／チャンネル登録を呼びかけることも有効です。

ショート動画を始めてから何か変化を感じた？

ショート動画を始めてから、TikTokをよく見るようなりました。そのため、目が悪くなりましたw

再現Hint コメントにショート動画で返信する

「Ado『唱』」は、YouTubeショートのコメントに寄せられたリクエストに応える形で動画が制作されました。各プラットフォームには、ショート動画でコメントに返信する機能が備わっています。コメントの返信からショート動画を投稿すると、下の画像のように寄せられたコメントを貼り付けることが可能です。

読者へのメッセージ

私が活動をしてきて感じた大事なことを伝えたいと思います。

私は活動当初にまったく動画が伸びず、悔しい気持ちでいっぱいでした。そこから、どうやったら動画が伸びるか調べ、試しました。そこでヒットしたものを追求し、続けることで、フォロワー数や再生回数を伸ばすことができたと思っています。「調べる力」「続ける力」がこの活動にとって大切です。心の底から「好き!」と思えることが、この活動を支える2つの力の根源になると確信しています。

現役音大生がクラシック音楽の魅力を紹介

なで肩のモD／Modi's piano

TikTok

Instagram

YouTube

▶ プロフィール

東京音楽大学 特別特待生３年在学中のプロピアニスト。音楽の豆知識などをもとにしたショート動画や、ストリートピアノ演奏の動画などを投稿。またライブ配信では、全ての方にクラシック音楽を面白く伝えるため、作曲家の人生や曲にまつわるストーリーを一人劇場のように解説し、視聴者の皆様からは「モD劇場」と呼ばれ親しまれている。同世代の音大優秀生たちと共に、Z新世代オーケストラ「ネコフィル - Next CosMo Philharmonic -」を結成し、SNS発信と並行しての音楽活動や企業との共同企画を展開することで、音楽業界の注目を大きく集めている。

01 ショート動画で新しい視聴者層を開拓しました!

ショート動画制作を始めたきっかけは?

ピアノ演奏をもとにしたショート動画を多くの方に見ていただくことによって、私と同世代の10～20代も含め、全ての世代の方々にクラシック音楽の面白さを知っていただけるきっかけを作れると考えたからです。

私はショート動画の投稿を開始する前から、YouTubeの長尺動画にてクラシック音楽をストリートピアノで演奏する動画を中心に発信していました。YouTubeにおいて「ピアノ演奏」というコンテンツの視聴者層は、40代以上が多くの割合を占めています。私のチャンネルでも、長尺動画のみ投稿していた時は約8割の視聴者が40代以上でした。その時点でも多くの方々に応援いただき、大変ありがたく思っておりました。その一方で、10～20代の方々にもクラシック音楽の面白さをさらに伝えたいという思いを持っていました。しかし当時、クラシック音楽のピアノ演奏というジャンルを、長尺動画の環境下で若年層に広くリーチさせることは大変難しい状況でした。

そこで、若年層の視聴割合が多いショート動画にてクラシック音楽に関連する発信をすることで、今までリーチできなかった多くの方にもお伝えできるのではないかと考えました。

投稿したショート動画の中で「一番バズった」と感じたものは？

「あなたは何度まで届く？　ピアニストの手の大きさランキング」です。

ピアノの鍵盤のどこまで手が届くのか、ピアニストの手の大きさをランキング形式で紹介しています。

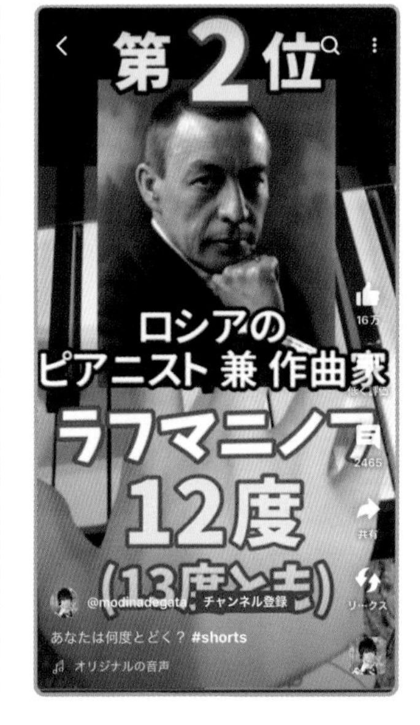

↑「あなたは何度まで届く？ピアニストの手の大きさランキング」

02 カットは表拍で！　音楽の良さを活かした動画作り

ショート動画のネタ探しはどうしている？

ピアノ演奏に限らず、音楽ジャンルの中で伸びている最新トレンドを常に調査しています。その中で「音大生」という自分のキャラクターとトレンドをそれぞれ掛け合わせるとどうなるかを想像し、面白い動画になりそうな企画を採用しています。

ショート動画を撮影する時の工夫点は？

多くのクリエイターが加工やバーチャル背景を使用している中、本チャンネルではピアノの背景に季節ごとのタペストリーを実際に貼り、あえてバーチャル背景やフィルターを使用しないことで、ピアノ演奏に合うクラシカルな独自の世界観を表現しています。また、ピアノ演奏の動画は基本的に固定カメラでの撮影です。手元の動きで迫力を出すために、カメラの位置をあえて少し低く設定しています。

ショート動画を編集する際の工夫点は？

演奏中のカットの頻度は、3～5秒を中心に切り替えています。演奏中のカットタイミングをランダムで切り替えると不自然に感じやすいため、曲の「表拍」でカットするよう心がけています（音楽には「表拍」と「裏拍」があり、表拍でカットすることにより違和感を覚えにくくなります）。

テロップの位置は、映像的に最も激しく動く手元の部分に被らないよう心がけています。逆に、顔や上半身、ピアノの部分などあまり動きのない部分には積極的にテロップなどを配置し、飽きさにくいような構成にしています。

本チャンネルはピアノ演奏がメインなため効果音はほとんど使用していませんが、ランキング形式の動画などではそれぞれの発表前に心臓の鼓動などの効果音を交えています。

手の映る範囲を避けて、テロップや画像などを配置しています。

←「音大生が選ぶ涙腺がヤバい合唱曲TOP3」

再現Hint 「表拍」で動画をカットする

音楽には「表拍」と「裏拍」があり、クラシックをはじめ多くの音楽は「表拍」でリズムを取っています。「裏拍」でリズムを取る代表的なジャンルにはジャズがあります。「CapCut」の動画編集で表拍に合わせて動画をカットする時は、P.142で紹介した「ビート」機能を使ってカットのポイントを決める方法が簡単です。

Check 撮影機材/編集アプリ

撮影：ソニー VLOGCAM ZV-1

その他の撮影機材：

コンデンサーマイク（オーディオテクニカ AT4040）、オーディオミキサー（ヤマハ MG12XUK）

編集：Filmora、Cubase Elements（音声収録）

台本の作成や構成で工夫している点は？

台本作成は特にしていません。しかし、自分の中で「ランキング」「○○と○○の違い」「明日から○○を弾く方法」などの構成の型があり、動画のテーマによって最も合うものを選んでいます。

ショート動画と従来の横型動画で編集の仕方や心がけている点に違いはある？

ショート動画と横型動画の編集方法で最も大きな違いを感じる部分は、動画の冒頭数秒と終わり方です。

横型動画では、視聴者はサムネイルを見たうえで、その動画を見る選択を既にした方のみが動画を再生するため、基本的には冒頭の30秒ほどで最後まで見てもらえるような工夫をすることを意識しています。一方でショート動画の場合は、動画の冒頭約1～2秒がサムネイルのような役割を果たし、そこでの印象で視聴されるかスワイプされるかが決定します。そのため最も視聴者の興味を引くようなタイトル設定や映像演出を最初の1～2秒に凝縮するよう心がけています。

また動画の終わり方について、ショート動画の場合はループ再生しやすくするため、あえて終わったと感じるような演出は最後に入れないように心がけています。さらに、何回も見たいと思ってもらえるようなテーマやオチにするよう意識しています。

03 若い世代が共感・共有しやすい内容を発信!

ショート動画がバズったきっかけになったのはどんなことだった?

動画の視聴者維持率と視聴完了率を意識し、動画の最後に最も重要な内容を置く構成にしたことです。また、テーマ設定を「合唱曲」など多くの方が共感できるようなものにしたことです。

フォロワーが増えたきっかけはあった?

ピアノ演奏の音質にこだわり、コンデンサーマイクを使用して収録することで「ずっと聴いていたい」と思ってもらえるような音質を意識したことです。

SNSを利用したショート動画の共有方法について、実践していることは?

学生の方に共有してもらいやすいように、「明日からできそう」や「友達の意見を聞きたい」などと思ってもらえるような要素を動画内に入れることです。

ショート動画を始めてから何か変化を感じた?

10～20代の視聴者の方にも多く知ってもらえるようになり、チャンネル内での視聴者層のバランスがよくなりました。そのことにより、現在は全ての年齢層の皆様にクラシック音楽に触れていただき、面白いと感じていただけているように思います。

視聴者との関わり方について心がけていることは?

コメント欄では、ほぼ全ての動画に「紹介した中であなたはどの曲が好きですか?」などの質問をコメント投稿し、そこから視聴者の皆様のトレンドやニーズを知ることもあります。また、いただいたコメントに返信してコミュニケーションを取ることもあります。

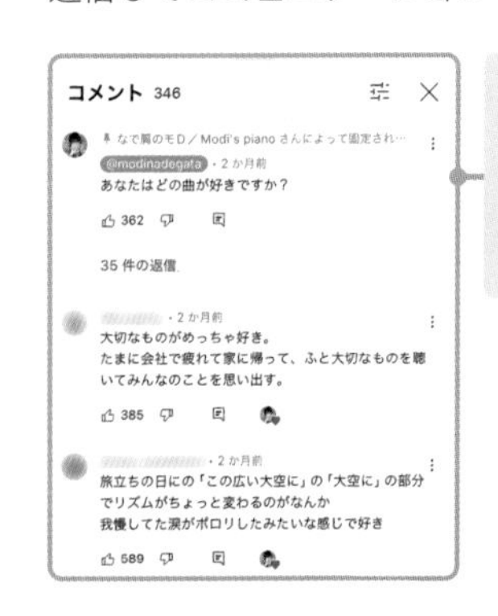

コメント欄での視聴者への問いかけは、コメント数の増加に直結します。新しいニーズの発掘やコミュニケーションの場としても有効です。

再現Hint コメントを固定する

YouTubeとInstagramには、コメントをトップに固定する(ピン留めする)機能があります。よく視聴者へのメッセージなどに利用されます。

自分の活動の中で
ショート動画をどう活用している？

ショート動画はただコンテンツを楽しんでいただくだけでなく、自分の音楽活動を知っていただくきっかけとしても活用しています。

私は現在、同世代の音大生の方々と共に結成した Z 新世代オーケストラ「ネコフィル - Next CosMo Philharmonic - 」を主宰・運営しており、企業との共同イベント企画などを行い、音楽活動を展開しています。「ネコフィル」は、全世代をつなぐ「架け橋」として全ての世代の方々に楽しんでいただけるような音楽を発信し届けることにより、世代間の一体感を高めるきっかけを作る活動をしています。また他のオーケストラには類を見ない、SNS発信と連携した音楽活動をすることによって、広告効果も高く、教育系・エンタメ系・IT系・サービス系など幅広い企業との相性がよい次世代型オーケストラです。

ショート動画をきっかけに、こうした音楽活動を多くの方・企業に知っていただけています。

Z新世代オーケストラ「ネコフィル - Next CosMo Philharmonic - 」。
ショート動画は、動画以外の活動への入り口としても活用できます。

読者へのメッセージ

ショート動画を発信することで、ただ単に再生回数が伸びるだけでなく、リアルな活動につながる可能性もあります。トレンドを意識することに加え、長期的な視野も忘れずに、ショート動画制作をぜひ楽しんでください！　今回の私の作成方法が少しでもお役に立てましたら幸いです。

「ネコフィル」とのコラボ企画にご興味のある企業・団体様はこちらのアドレス（neoclassics1224@gmail.com）までご連絡をお願いいたします。ご連絡をお待ちしております！

索引

アルファベット・記号

あ行

か行

STAFF
カバーデザイン……沢田 幸平（happeace）
デザイン制作室……鈴木 薫
DTP制作……リンクアップ
編集……三栗野 スミル
リンクアップ
編集長……玉巻 秀雄

本書のご感想をぜひお寄せください

https://book.impress.co.jp/books/1123101087

読者登録サービス

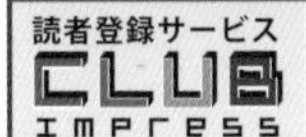

アンケート回答者の中から、抽選で図書カード（1,000円分）などを毎月プレゼント。
当選者の発表は賞品の発送をもって代えさせていただきます。
※プレゼントの賞品は変更になる場合があります。

■商品に関する問い合わせ先

このたびは弊社商品をご購入いただきありがとうございます。本書の内容などに関するお問い合わせは、下記のURLまたは二次元バーコードにある問い合わせフォームからお送りください。

https://book.impress.co.jp/info/

上記フォームがご利用いただけない場合のメールでの問い合わせ先
info@impress.co.jp

※お問い合わせの際は、書名、ISBN、お名前、お電話番号、メールアドレス に加えて、「該当するページ」と「具体的なご質問内容」「お使いの動作環境」を必ずご明記ください。なお、本書の範囲を超えるご質問にはお答えできないのでご了承ください。

- 電話やFAX でのご質問には対応しておりません。また、封書でのお問い合わせは回答までに日数をいただく場合があります。あらかじめご了承ください。
- インプレスブックスの本書情報ページ https://book.impress.co.jp/books/1123101087 では、本書のサポート情報や正誤表・訂正情報などを提供しています。あわせてご確認ください。
- 本書の奥付に記載されている初版発行日から3 年が経過した場合、もしくは本書で紹介している製品やサービスについて提供会社によるサポートが終了した場合はご質問にお答えできない場合があります。

■落丁・乱丁本などの問い合わせ先

FAX 03-6837-5023
service@impress.co.jp
※古書店で購入された商品はお取り替えできません。

人気インフルエンサーのテクニック満載！
スマホでバズるショート動画のつくり方

2024年 3月 11日 初版発行

著 者 リンクアップ

発行人 高橋隆志

発行所 株式会社インプレス
〒101-0051 東京都千代田区神田神保町一丁目105番地
ホームページ https://book.impress.co.jp/

印刷所 シナノ書籍印刷株式会社

ISBN978-4-295-01866-7 C3055

Printed in Japan